JN306399

# 日本軍と日本兵

## 米軍報告書は語る

一ノ瀬俊也

講談社現代新書

2243

# 目次

ソ連
満州国
中華民国
東京
太平洋
アッツ島
ミッドウェー島
沖縄
硫黄島
ハワイ
真珠湾
ビルマ
フィリピン
マニラ
レイテ島
グアム島
サイパン島
パラオ諸島
ギルバート諸島
マキン島
タラワ島
ビアク島
アドミラルティ諸島
ラバウル
シンガポール
ソロモン諸島
ニューギニア
ガダルカナル島
ブーゲンビル島
ポートモレスビー
ブナ
ニューブリテン島
オーストラリア
0
1000
2000km

本書関連地図

# はじめに――我々の日本軍イメージ

## 日本陸軍とは

日本陸軍とはいかなる軍隊だったのだろうか。この問いは我々を引きつける。一昔前まで、日本陸軍といえば、空疎な精神論ばかりを振り回して日本を破滅に追い込んだ非合理的極まる組織とみなされていた。しかし、近年この「非合理性」の問題を考えるうえで興味深い著作が世に問われつつあり、なかでも片山杜秀《かたやまもりひで》『未完のファシズム「持たざる国」日本の運命』（二〇一二年）は注目すべき一冊である。同書によると、日本陸軍は第一次世界大戦で総力戦、物量戦とその重要性を詳しく学んだが、「持たざる国」の貧弱なる国力ではこれに追いつけず、そのため国力に見合った殲滅戦《せんめつ》（長期戦を回避した短期即決戦）を目指した軍人・小畑敏四郎《おばたとしろう》も「持てる国」造りを目指した石原莞爾《いしはらかんじ》も、激しい軍内権力闘争のすえ放逐されてしまった。

結局、総力戦遂行を可能にする政治権力の一元的集中は、権力の多元性――つまり独裁を許さぬ体制を定めた明治憲法の壁にはばまれて実現せず、仕方がないので物質力に対する精神力の優位を呼号しているうちに本物の総力戦＝対米戦に突入してしまい、あとはひたすら敵の戦意喪失を目指して「玉砕《ぎょくさい》」を繰り返すしかなかったのだという。

この片山氏の図式を、近代天皇制に関する有名な「顕教－密教」論、すなわち戦前の日本は天皇親政（顕教）と天皇機関説（密教）を使い分けることで成立していたのであり、一九三〇年代以降のファシズム化は国体明徴運動などを通じて前者が後者を圧倒してゆく過程であったという議論（久野収・鶴見俊輔『現代日本の思想』一九五六年）になぞらえて整理するならば、精神論は陸軍におけるいわば顕教、物量戦は密教だったといえる。ただし、片山氏のいう「ファシズム」化とは密教＝総力戦を可能にする強権的な国家改造であり、その意味で日本は真の「ファシズム」国家にはとうていなりきれなかったのである。

しかし、太平洋戦争時の日本陸軍は顕教にもとづく「玉砕」ばかりを絶叫していたのではない。硫黄島《いおうとう》のように狭い孤島で追い詰められて進退窮まった場合はともかく、ニューギニアやフィリピンといった大島では徹底抗戦、持久戦方針がとられ一九四五年の敗戦まで戦闘が続いたし、沖縄戦で牛島満《うしじまみつる》司令官が同年六月二三日、自決する前に出した最後の命令は「爾後《じご》各部隊は各局地における生存者の上級者これを指揮し最後まで敢闘し悠久の大義に生くべし」、つまり組織的抵抗を最後まで継続せよというもので「玉砕せよ」とは言っていない。牛島の意図は「玉砕」ではなく持久による「敵の戦意喪失」にあったのではないだろうか。

むろん、牛島の措置が妥当だったとか、合理的であったと主張できるものではない。彼が残存将兵に降伏を禁止し、民間人のとるべき途を何ら示さなかった結果、多くの人びとが戦闘に巻き込まれて命を落としたからである。ただ、日本陸軍＝絶望的「玉砕」という単純な図式に固執すればするほど、なぜ日米戦争があれほど長引き、それだけ多くの犠牲者を出してしまったのかという問いへの答えがみえづらくなってしまうことを懼《おそ》れる。

では、対米戦時における日本陸軍の実像をどうとらえたらよいのだろうか。私はここで、米軍という戦争のもう一方の当事者の視点を導入してみたい。当の戦争相手たる米軍の視点を導入する、すなわち米軍の日本陸軍に対する評価とその変化を追うことによって、我々は日本軍の実像に迫る手がかりをつかむことができるのではないだろうか。もはや日本人という身内限りの自己評価だけでは限界があるだろう。

そこで本書は、米陸軍軍事情報部が一九四二〜四六年まで部内向けに毎月出していた戦訓広報誌 *Intelligence Bulletin*（『情報公報』）に掲載された日本軍とその将兵、装備、士気に関する多数の解説記事などを使って、戦闘組織としての日本陸軍の姿や能力を明らかにしてゆくことにする。

この *Intelligence Bulletin*（以下、IBと略す）について若干詳しく説明しよう。同誌は米陸軍省軍事情報部『情報刊行物一覧』(*Special Series No.23 Index to Intelligence Publications*, Military Intelligence Division, War Department, 1 August 1944) によると、作戦地域にいる、もしくは行く予定の下級将校、下士官兵用に作られたA5判の月刊誌で、可能な限り最新の情報源から得た情報に基づき、主に敵の戦術や兵器を扱っている。幅広い利用に供するため高度な機密指定はされていないが、利用は軍人のみに許されていた。各号はおよそ九〇頁《ページ》、一五～三〇点の図版を含む雑誌である。

同誌は上は米陸軍の各戦域司令部から下は各中隊まで、幅広く配布された。一九四二年九月～四三年八月に第一巻第一号～第一二号が、一九四三年九月～四四年八月に第二巻第一号～第一二号が、一九四四年九月～四五年八月に第三巻第一号～第一二号がそれぞれ刊行された。一九四五年九月号（巻号なし）をもっていったん発行が途絶えたものの、なぜか一九四六年三月号で復活、同年六月号までの刊行が確認されている。

このIBの各号では、主要敵国たる日独軍の兵器、戦術思想、組織などにつき、前線からの報告、戦訓を踏まえた詳細な解説がなされている。本書は、大戦中の米軍が日本軍に関するそれらの問題をいかに観察、分析していたのかを問うことで、「日本陸軍とは何だったのか？」という問いに若干なりとも接近することを目指したい。

もちろん、米軍の偏見にまみれた戦訓分析など読んで何になるのか、という声もあるだろう。しかしIB一九四二年一一月号の巻頭には「とるに足らない敵などない（There is no little enemy.)」というベンジャミン・フランクリンの言葉が掲げられている。これは、彼らもまたみずからの犠牲を減らし戦いに勝つために、可能な限り分析を客観的たらしめんとしていた証左ではあるまいか。

## 日本陸軍のイメージ

ところで、『未完のファシズム』以外の日本陸軍を論じた学術書、特に「通史」と呼ばれるジャンルの歴史書は、太平洋戦争時の日本陸軍の戦い方をどのように描いているだろうか。これを概観し、日本のアカデミズムにおける日本陸軍像を整理してみたい。

大江志乃夫《おおえしのぶ》『昭和の歴史3 天皇の軍隊』（一九八二年）には「日本陸軍の精神主義・歩兵主兵主義・白兵《はくへい》主義はついに最後まで堅持された」とあるが、ではその精神主義なるものが戦場でどのように発揮されたのかについては奇妙なことに、ほとんど何の説明もない。「白兵主義」についてもそうで、戦争の大半で防御一辺倒の状態を強いられ、陣地に籠もったというのに、なおこれを「堅持」することなど本当に可能だったのだろうか。

戸部良一《とべりょういち》『日本の近代9 逆説の軍隊』（一九九八年）は、日本軍について、軍隊というもともと最も合理的・近代的な組織がなぜ「ファナティックな非合理性」を有する組織と化してしまったのかを、明治の建軍から昭和の敗戦まで実証的に分析した書である。その全容をここで紹介する余裕はないが、太平洋戦争中の日本陸軍に対する見解は、次のガダルカナル戦の敗北に関する論評に尽きているといってよい。

歩兵操典、戦闘綱要、作戦要務令、統帥綱領などさまざまの典範により、攻撃精神、白兵銃剣主義で徹底した教育・訓練を受けてきたため、ほかの戦い方を知らなかった、とみなすこともできる。……物質的威力よりも精神的威力が重視されていた。精神的威力さえ優位にあれば、兵力の格差も、火砲や重機関銃など敵の物質的威力の優位もおそるるに足らず、とする精神主義があらゆるレベルにはびこっていた。

その後、敗戦に至るまでの日本陸軍の戦いについては「そもそも防衛戦自体、得意ではなかった。攻撃偏重の軍隊であった」「各部隊はしばしば善戦敢闘したが、それはアメリカ軍に出血を強要し、その反攻のスピードを若干遅らせただけであった」とされる。以上が日本陸軍に対する戸部氏の〝評価〟である。

こうした評価は、その後の歴史学研究でも基本的に引き継がれていく。例えば森茂樹《もりしげき》・吉田裕《よしだゆたか》両氏も、日露戦争（一九〇四〜〇五年）後の日本陸軍が「極端な精神主義」をとって

「攻撃精神」や「必勝ノ信念」（『歩兵操典』）を高唱、「小銃に銃剣を装着した歩兵による白兵突撃に過大な役割が与えられ」、かかる「精神主義・白兵突撃主義はその後〔第二次大戦期〕も堅持された」（以下、〔　〕は引用者注）と指摘している（吉田・森『戦争の日本史23　アジア・太平洋戦争』二〇〇七年）。前出片山杜秀氏の陸軍論も、これらの延長上にある。

本書の課題はその「善戦敢闘」の具体的な中身を検討することである。単なる「非合理的」な「精神主義」のみで米軍に出血を強いることなど本当に可能だったのだろうか。戸部氏の言うとおり、大局的に見れば日本陸軍は「戦略的に意味がある勝利」は挙げられなかったかもしれないが、「なぜあの戦争はあれだけ長く続いたのか」、「なぜ戦争をもっと早く止《や》めることができなかったのか、そうすれば多くの生命が助かったはずだ」という、いまだ解決されざる問いに答える手がかりにはなりうると考えるからだ。

そこで、第一章では、戦士としての「日本兵」とは何だったのかを、その身体に即して考えたい。第二章では日常生活に表れた兵士たちの心情を明らかにする。第三章では彼らが太平洋戦争の前半においてとった対米戦法の全体像と特徴を、第四章ではフィリピン、沖縄など戦争後半におけるそれを分析する。以上の作業から、日本陸軍とは何だったのかを考えてみたい。米軍という他者の視点を導入することで、日本人にはみえないものがみえてくるかもしれない。

# 第一章　「日本兵」とは何だろうか

## 1　日本兵の身体

### 米兵捕虜のみた皇軍兵士

まず最初に、日本陸軍を構成する兵士たちの振る舞い、身体的特徴とは何だったのかを問いたい。このことは、日本陸軍それ自体の特徴にも深くかかわるだろう。

IBには日本軍戦法・兵器の解説以外にも、従軍米兵の回想や座談など、日本軍に関する多種多様な情報が収録されている。そのひとつに「日本のG.I.（The Japanese G.I.）」（一九四五年一月号所収、G.I.は米軍兵士の一愛称）と題する記事がある。これは日本軍の捕虜となり、戦争中に解放されたある米陸軍軍曹が一年以上共に暮らした日本軍兵士の日常生活や風習を〈他者〉の視点で細かく観察、報告したもので、たいへん興味深い。

彼がなぜ、どこで捕まっていたのかは機密保持のためか書かれていないが、内容から推察するに、航空兵で搭乗機を撃墜されてフィリピンの捕虜収容所に連行され、現地の抗日ゲリラに助けられるなどして解放されたのではないかと思う。記事の書き出しは次のようなものだ。

一五か月間日本軍の捕虜になっていた米軍のある軍曹が、日本陸軍の日常生活についての目撃談を寄せた。トラック運転手の仕事を強要されて敵の将校や下士官兵たちとつきあい、日本語を勉強して理解できるようになった。彼の話は陸軍航空隊ですでに若干紹介されているが、*Intelligence Bulletin* にも掲載して日本陸軍の日常生活を知り、その基本的特徴を学ぶことにした。

最初に接した日本兵の一団は「日支事変」で三～五年間戦った歴戦者だった。彼らは華北で戦っていた。将校の多くは英語が話せた。日本兵たちは中国軍の戦いぶりに賞賛を惜しまなかった。最も印象に残ったのは、中国兵が長刀だけでしばしば突撃してきたことだった。日本軍はどこに宿営しようとも中国軍に悩まされて困った、とこぼしていた。

米軍軍曹が最初に体験を語ったのが陸軍航空隊であったことが、彼を航空兵ではないかとみた理由である。彼が日本人と日本語で会話したときの内容が中国軍との戦争体験であり、そこで中国兵に対する評価が決して低くなかったのは興味深い。では個々の日本兵はどのように観察されていたのだろうか。

　多くの日本兵は農村出身で、そのためわずかな教育しか受けていなかった。だがほとんどの者は読み書きができる。彼らは二一《ママ》歳になると兵役の義務を負うが、学校に行っている者は二五歳まで延期してもらえる。訓練はたぶんどの国の陸軍よりも厳しいものだ。彼らを頑健にするためであり、たいていの者はそうなる。日本兵たちは私に、訓練期間の終わりに多くの名誉あるハラキリが行われる、なぜなら厳しい懲罰に耐えられないからだと語った。体罰はひどいものだ。兵は上官に殴られ、蹴られている間直立していなくてはならない（【図1】）。もしビンタを受け損なえば立ち上がって直立し、再び罰を受けねばならない。私は兵が殴られて気を失い、宿舎へ運ばれていくのを見たことがある。あるときなどは大尉が兵の睾丸を蹴るのを見た。上級の者はそれがささいな怒りによるものでも、いつでも罰を加える権限を持っている。

　日本軍の最下級兵は一つ星の兵、すなわち二等兵である。彼は他の者の服を洗い、食事を作り、寝床や荷物を整え、その他のあらゆる嫌な仕事をしなくてはならない。からかわれ、何か間違いがあれば身代わりとされる。六か月野戦を経験すると自動的に二つ星の一等兵に進められる。彼の生活に二等兵を殴ってもよくなったこと以外の喜びは特にないため、熱心に殴っている。しかし、もし二等兵がいなければ相変わらず殴られている。

農村出身であるが読み書きができる。訓練は殴打を含む過酷なもので脱落者も多い。軍隊内から暴力がけっしてなくならないのは、殴られている者もやがて下級者が来たら彼らを殴れる立場になるからだ。この場合、戦局悪化による輸送の途絶などで下級者が来ないと実に悲惨なことになりそうだ。

図1

## 日本人とは?

そもそも米軍は、このような生活をしていた日本兵たちを、どのような〈人間〉として認識していたのだろうか。まずはIBで〈日本人〉がどう語られていたのかをみよう。

戦争初期に出たIB一九四二年一〇月号「日本人の特徴」は、日本人の「人種的起源」について「彼らが信じている人種的純潔性とは異なり、実際は少なくとも四つの基本的人種の混血である。マレーから来たマレー系、華北から来たモンゴル系、朝鮮から来た満州・朝鮮系、そしてアイヌのような日本固有の部族」と述べている。

米軍将兵が戦うべき平均的日本兵は背が低くがっしりした農民、漁民たちで、この形質の発現にもっとも強く影響するのは、初期にマレーから渡来してきた人々の血統である。日本人と中国人の一部は人種的背景が同じであるため、日本の農民と華南人、さらに生粋《きっすい》マレー人との相違もごくわずかである。一方、日本の農民＝兵士と「ほっそりしていて肌の色が明るい」華北人（モンゴル系）とは正反対の外見である。

なぜ米軍が日本人の「人種的」起源や外見にかくもこだわったかというと、同盟国軍たる中国軍兵士との区別をつけねばならなかったからだ。【図2】はIBの挿図で「左が農民階級の日本兵、右が華北人の兵士。外見的特徴に注目」との説明書きがあるが、日本人たる私からみるとどちらも〈日本人〉にいるような気がする。

戦時中の米軍もそう考えたらしく、日中両軍の兵士は外見とは別のポイント、つまり次のような「文化的な特徴、癖」で区別しなくてはならないという。

**話し方**　日本語には英語の〝l〟に相当するものがないので日本人の生徒はこれを発音するのがとても困難であり、よく〝r〟に置き換える。一方、中国人は通常〝r〟

を"1"に換える。よって英語で短い話をさせると判別上有効である。例えば"Robins fly"と言わせれば、英語をほとんど知らない日本人は"Robins fry"と言うし、中国人に言わせれば"Lobins fly"と言う。

**歩き方**　日本人が歩くとき、姿勢は悪く、足を引きずって歩きがちである。家では足の親指と人差し指の間の革ひもで足に固定する木のサンダル（ゲタ）に慣れ親しんでいる。このサンダルの基部は小さく、歩くとき、足は地面から完全には離れない。ゲタを履くと歩き方がだらしなくなる。日本軍兵士の足の親指と人差し指の間には、ときに〔ゲタの鼻緒のため〕異様な隙間がある。親指側にはゲタの鼻緒で圧迫されてできたたこがある。

**歯**　日本人の歯の質は悪い。そのため歯を完全に治療すると人々の間で目立つ。出っ歯はありふれている。中国人はよりましな、真っすぐで歯学的特徴のない歯を持っている。

**個人の清潔さ**　日本人は可能であれば必ず一日一回風呂に入る。清潔さが無視されること

**図2**

はほとんどまれである。兵士は入浴設備のない所では即製で温浴設備を作る。

**下着**　実に多くの日本兵を下着の二つの特徴で区別できる。(1)下帯——厚い、毛で織った畝《うね》模様のある帯《ドーマキ》が夏と冬を問わず、特に農民や労働者の間でよく腰に巻かれている。日本人はこの帯の暖かさが体力を高めると信じている。加えて兵が多数の赤い糸の結び目を付けた黄色い布〔千人針を指す〕を、戦いの〝お守り〟の印《しるし》として巻いていることがある。この幸運の印は、故郷の女性たちが別れの贈り物として用意する。(2)腰布——軍服を着た兵が腰布《フンドシ》を、外国式の下着を付けるのと同じ場所に巻いている。これは軽い木綿でできていて、腰に巻く細ひもで支えられている。下帯はゆるく折りたたまれる。裏に武器や爆発物を隠すポケットが付いているとされているる。小型ナイフくらいなら隠せるかもしれないが、小火器まで隠すことはないだろう。

では、IBの読者たる米兵がいずれ戦場で相対する日本兵の体格はどうだろうか。いうまでもなく米兵の方がよい。「平均的なアメリカ兵は日本兵よりも背が高く重い。彼の身長はおよそ五フィート八インチ〔一七二・七センチ〕、体重は一五〇～一五五ポンド〔六八・〇～七〇・三キロ〕である。平均的日本兵は身長五フィート三・五インチ〔一六一・三センチ〕、体重一一六〜一二〇ポンド〔五二・六〜五四・四キロ〕である。よって米兵は身長で四・五インチ〔一一・四センチ〕、体重で三〇《(四)》〜三五ポンド〔一三・六《(一五・四)》〜一五・八キロ〕勝っている」とされている。

## なぜ体格を分析したのか

私は、IB一九四二年一〇月号「日本人の特徴」が日米兵士の体格差をかくも詳しく考察したのは、今後の戦いにおける両軍将兵間の格闘戦生起を見越して、日本兵の肉体上の劣位を味方に周知しておくためではなかったかと思う。

実際、IB同記事は日米両軍兵士の身体能力について、

日本人農民の手足は短くて太く、アメリカ人の手足を測定すると通常彼らより勝っている。これらの身体的特徴は偉大な筋力と持久力の証《あかし》ではあるが、敏捷《びんしょう》さではおそらくアメリカ兵にかなわない。すべての日本人は柔道（柔術）、自衛術を習っていて比類なき格闘戦の能力を持っているとされてきた。間違いなく多くの日本兵が学校での訓練を通じてこの技量を身に付けている。しかし、柔道の価値を外国人は過大評価しがちである。それに、平均的な農民は筋力の鍛錬は積んでいたとしても、身体の動き

はぎこちない。

と優劣の観点から比較分析している。こうした一種のレッテル貼り的な説明がなされたのは、当時の米軍内に日本人を「比類なき格闘戦の能力」を持った一種の超人(superman)とみなす風潮があったため、これを否定し去る必要があったためだろう。

なぜ日本人はそのようにみられていたのか。アメリカ人が戦前、「劣等人」と見下していた日本人に東南アジア一帯の占領を許したことは、彼らを非常に驚愕・恐怖させ、日本人は実は得体の知れない「超人」だったのではないか、という思い込みを米軍内に生み出した。古い黄禍論の一変種ともいうべき「日本兵超人伝説」の誕生である(ジョン・W・ダワー『容赦なき戦争』一九八六年)。つまり開戦当初の米兵たちは、普通の日本人がいったいどんなものかすらもよく知らないがゆえに、途方もない不安を抱えていたのだ。

これとは別のIB記事は、英軍将兵八〇人が「中国軍であるかのように装い、友軍の信号を送ってきた日本軍に騙《だま》され」て捕虜になり、「連合軍に日本軍と中国軍の区別を付けるのが難しいことを、将来日本軍は利用してくるであろう」(一九四二年一二月号「英軍捕虜の報告」)と警告している。実戦で日中両軍兵士の区別ができず実害が出た(とされる)ことも、大まじめに日本人の〈識別法〉が論じられた理由であったろう。

## 日本人か、中国人か？

日本軍と中国軍との兵士識別法は、IB「日本人の特徴」のかなり後に出た一九四五年三月号「彼は日本人か、中国人か？」にも掲載されている。これは「米軍が大陸に接近し、敵のスパイや侵入部隊と交戦する可能性が膨らむにつれ、中国人やその他の極東の人々と区別するためにますます重要になって」きたからであった。フィリピンの日本兵はフィリピン人ゲリラになりすまそうとしているし、中国では便衣兵《べんいへい》たち（plainclothesmen）――中国人の服装をした日本人――がはびこっている、つまり日本軍兵士が容貌のよく似た現地住民に化けて襲ってくるから、兵は識別法を学べというのである。

この記事もまた「多くの場合、日本人と中国人を身体の面から見分けるのは、ドイツ人とイギリス人をシャワー場でその会話を聞く前に見分けようとするのに等しい」といい、日本人は中国人よりも基本的には長い胴と短く太い手足、濃いあごひげと体毛、そして貧弱な歯を持つものの、「結局、中国人と日本人を身体的特徴のみで見分けるのは困難」と識別の難しさを認める。それでもその方法はなくはないという。「文化的特色と身ごなしが日本人判別の一助となりうる」と。

その具体的なポイントとして、先ほども出てきた〝l〟と〝r〟の発音や姿勢・歩き方、下着以外に「尋問する際に、相手の顔をみてみる」ことが挙げられている。「中国人なら簡単かつ自然にほほえむが、日本人は撃たれるかもしれないと思ってしかめ面になる。日本人は習慣的に会話の間、歯の間から急いで息を吸う。日本人は驚いたとき、思わず身に深くしみこんだ習慣を示すことがある」。

それでもはっきりしない場合の結論は、「日本人の真の相違点はその思考にあるという大事な点を覚えておくべきだ。中国人はこれを知っており、撃ってもよいかわからない場合の最良の判別法は、質問してみることだと言っている」というものであった。

これらのIBの記述をまとめるに、日本軍兵士は（中国人もだが）先の戦争を通じて〝l〟と〝r〟を正確に発音できないだけで、学んだことを忠実に実行しようとする米兵から撃たれてしまいかねない嫌な立場に置かれていたといえる。【図3】は米陸軍省・海軍省が一九四二年、自軍将兵向けに中国人との接し方を解説したパンフレット『ポケットガイド中国（*Pocket Guide to China*）』（一九四二年）の巻末付録マンガ「日本人の見分け方（*How to Spot a Jap*）」の数コマである。

生井《いくい》英考《えいこう》「アメリカの戦争宣伝とアジア・太平洋戦争」（二〇〇六年）は、この「日本人の見分け方」を「一読して苦笑するほかないこじつけの羅列」としつつ、米軍がこうしたステレオタイプな識別法をあえて将兵に示した理由として「理解不能であることの不安

図３—①
「日本人＝Jは中国人＝Cより背が低く、足が胸に直接つながっているように見える」

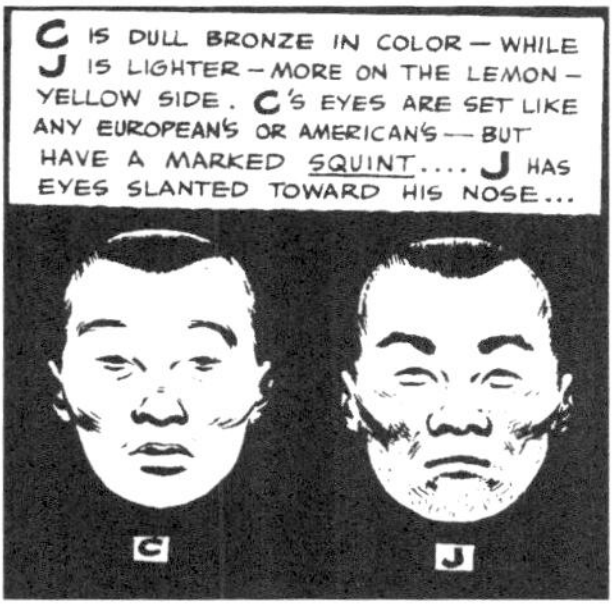


図３—②
「日本人は中国人より肌の色が明るく、目が鼻にむかって傾いている」

図３—③
「下駄の鼻緒のせいで足の指の間に大きなすき間がある」

図３—④
「"S" を吸いこむように発音し、"L" が発音できない」

を克服するために過去の知識や経験のなかから参照可能なものを探し出し、幼児の心的発達の過程で二元化された善悪の対立の構図へとこれを流し込んで自他の差異を描き出す——それがすなわちステレオタイプで、したがってこれは恐怖を飼い馴らすことを機能としているのである」という外国人研究者の指摘を引用している。

確かにこれらの「識別法」は米兵に恐怖を飼い馴らさせるために作られたものだったのだろうが、問題は日本人と中国人の識別が「こじつけ」でしかできない、つまりほぼ不可能だったということである。日本人への「人種」偏見を強調すればするほど、同盟国人たる中国人蔑視につながりかねないのだ。じっさい『ポケットガイド中国』に「日本人の見分け方」が添付されたのは最初の四二年版のみで、次の四三年版からは削除されている。

日米両国ともに「人種戦争」であったようにみえるこの戦争で、中国人というアジア人が米側に立って戦っていたことは、米軍側にとって戦争を「人種戦争」というわかりやすい図式に落とし込めない、歯切れの悪いものにしたといえるだろう。日本兵は中国人と似ている が故に、すくなくとも建前上は単純な人種偏見の対象にできなかったのである。

## 日本兵超人神話の崩壊

米海兵隊も陸軍と同じように、日本軍兵士は卓越した肉体を誇る「超人」ではない、ふつうの人間に過ぎぬという宣伝を自軍将兵向けに行っていた。興味深いのは、なぜ日本兵が「超人」とは評価できないのか、その説明理由である。

一九四三年ごろ、米海兵隊中佐コーネリアス・P・ヴァネスの名で出された全一六頁、機密扱いの将兵向けパンフレット『日本兵超人神話の崩壊（*Exploding the Japanese Superman Myth*）』はガダルカナル島、ツラギ島、ニューギニアでの実戦経験に基づき、なぜ日本兵はもはや「超人」ではないのかを、いくつかの要素別に根拠を挙げてわかりやすく説明しているので、以下に要約する。

**概説**　南太平洋の米軍には、狙撃、音もなくジャングルを移動して側背《そくはい》から攻撃してくる日本兵は超人だという話が広まっており、なかには恐怖心を抱く兵もいて有害である。確かに日本兵はよき戦士だが、その戦法を逆手にとって倒すことは可能である。

**狙撃**　日本の狙撃兵は射撃が下手で、直射可能な短距離にいる経験の浅い部隊にのみ有害である。我が方の狙撃兵、兵二〜四人の探知により倒せる。陣地近くで行動する狙撃兵には手榴弾が有効だし、防御陣地に空き缶付き仕掛け線や仕掛け爆弾を設けておくとよい。敵が姿を現すまでこちらは姿をみせないという原則さえ守れば、狙撃兵は脅威ではない。

**ジャングル内での移動**　特に夜間、日本軍は音もなくジャングルを移動できるとされている。しかし実際の日本軍は会話をしたり初歩的な防御隊形も組まないため、繰り返し我が方のパトロール隊に捕捉されている。

**夜襲**　日本軍の夜襲が心配なのは対処法をよく理解していないときだけだ。騎哨《きしょう》(cossack posts)、警報装置、仕掛け爆弾、鉄条網で容易に対抗できる。小火器、迫撃砲に続いて「バンザイ」や我が方を混乱させるための英語を叫びながら大挙突進してくるが、それは機関銃手にとって夢のような状況である。突撃時、陣地を奪取せんとする決意は確かに侮れないが、それは我が方の火力に対し、もっとも脆弱《ぜいじゃく》となる瞬間でもある。

**身体の持久力**　日本兵はわずかな食料で長期間ジャングルで作戦可能と言われているが、彼らは食料なしでは動けないし、持久力も我が方がしかるべき訓練を経て到達したほどではない。雨が降れば濡れそぼってマラリア〔蚊の媒介する熱病〕などの熱帯病に罹《かか》る。それは捕虜や文字通り餓死した者の遺体を観察すればよくわかることだ。

**防御**　夜間の休止時には全周囲防御を構築すれば潜入・直接攻撃からも安全である。暗くなってから全員が位置を替えて、伏兵や狙撃兵を配置しておけば敵が不用意に位置を暴露したとき容易に倒せる。

緒戦で日本軍と対峙《たいじ》しはじめたころの米軍側は日本軍兵士を恐れており、これを克服するには実際に戦い、飢えもすれば病気にもなる普通の肉体の持ち主だとその眼で確認し、勝つことが絶対に必要だった。彼らは狙撃・夜間戦法で攻撃し、機関銃で防戦する日本軍戦法への対抗法にかくして目処《めど》をつけたのだが、まずは日本兵も自分たちと同じ人間であり、それ以上でも以下でもないという〈事実〉の確認からはじめねばならなかったのだ。

ところで、ソロモンでヴァネス中佐の部隊と対戦した日本軍は我々のイメージする「ファナティック」な銃剣突撃ばかり敢行していたのではない。ひとたび防御に回ると、巧妙に偽装した機関銃で前進してくる連合軍部隊を迎え撃った。このことは本書第三・四章で改めて論じるが、中佐がこれを「脅威」ととらえ、対抗策を次のように説いていることのみあらかじめ指摘しておきたい。

敵の機関銃座は巧妙に作られ偽装されており脅威だが、射界《しやかい》〔射撃できる幅〕が狭いという弱点があるので、銃剣、手榴弾を持った二～四人の兵が側面から接近すればこれを回避できる。銃座が相互に支援しており接近不可能な場合は、小銃擲弾《てきだん》、対戦車擲弾、三七ミリ対戦車砲が有効である。日本兵は陣地の側面をとられ、殺されるとなっても後退しない。機関銃手は偽装や敵の接近路を射界に収めるのは上手な代わりに、めったに銃口の旋回、掃射を行わない。ここに彼らを倒すための鍵がある。

## 2　戦士としての日本兵

### 日本兵の長所と弱点

米軍はその後、各戦場で遭遇した日本兵たちの士気や行動をどう観察し、長所と短所を見いだしていったのだろうか。

IB一九四三年一一月号「日本兵の士気と特徴」は、日本軍は口頭、文書上の指示において「軍紀」「士気の改善」「軍の改革」「戦闘力の改善」「天皇のための死」「兄弟のごときチームワーク」を個人、集団、多様な部隊、軍に対し非常に強調しているものの、「軍指導者の望むような士気、戦闘能力の状態は達成されないことが多い」と指摘している。

しかし、「我が野戦観察者が文書上の証拠と捕虜によって証明した」日本兵の個人的長所として、「肉体的には頑健である、準備された防御では死ぬまで戦う（このことがけっして正しくないことはアッツ島の戦いでわかった)、特に戦友が周囲にいたり、地の利を得ている時には大胆かつ勇敢である、適切な訓練のおかげでジャングルは〝家〟のようである、規律(とくに射撃規律)はおおむね良好である」といった点が列挙されている。

一方、日本兵の短所は「予想していなかったことに直面するとパニックに陥る、戦闘のあいだ常に決然としているわけではない、多くは射撃が下手である、時に自分で物を考えず「自分で」となると何も考えられなくなる」というものであった。

IB「日本兵の士気と特徴」は以上の考察を踏まえ、「日本兵に〝超人〟性は何もない、同じ人間としての弱点を持っている」と結論している。確かに勝っている時は勇敢だが追い込まれるとパニックに陥るというのは人間としてあり得ることだ。また、個人射撃は下手だが射撃規律、すなわち上官の命令による一斉射撃は良好というのは〝集団戦法〟が得意だという戦後の日本社会に流行した日本人論を先取りする。IBが提示したのは「日本兵超人(劣等人)伝説」とは異なる、等身大の日本人像だったのである。

IBは時にビルマ(現ミャンマー)戦線の英軍から得た日本軍情報も報じている。IB一九四四年一月号「ビルマの戦いに対する観察者の論評」によると、同戦線の英軍将校たちも日本兵に対し、精神的に弱い、射撃が下手などと米軍と同じような評価を下していた。

「日本軍の虚を衝《つ》くと、奴らは全然戦う準備などしていない。奇襲するとパニックに陥り、叫び、逃げる。射撃して可能な限りすみやかに一掃すべきである。しかし日本兵がひとたび立ち止まると臆病ではなく、むしろ勇気ある戦士となる」

「日本兵は射撃がひどく下手で、特に動いている間はそうだ。組織され静止しているときの射撃はややマシだ。しかし、陣地と偽装は優秀だ」

「日本軍は英軍の砲撃を憎み、かつ恐れている。偽の攻撃で簡単にいらつかせることが出来る。我が方が叫び、足を踏みならし、全方向へ発砲し、煙幕を張り、できる限りの騒音を立てる。すると日本軍はあらゆる火器を発砲して陣地の位置を暴露する」

さらに、ある英軍将校は「日本兵は〝L〟の発音が苦手なので、合い言葉には〝L〟を多く入れよう。数日間にわたるパトロールには、日替わりの合い言葉を与えねばならない」とアドバイスしている。ビルマでも〝L〟が発音できない日本兵は容赦なく撃たれるのである。

英軍将校たちは対戦した日本軍の戦法について、「過去の作戦において敵は我が戦線内への浸透や側面への移動を採った。側面部での抵抗が始まると、より広く側面を衝こうとしてくる。高い地歩と厚い遮蔽物《しゃへい》の確保に熱心だ」、つまりとにかく敵の側面に廻って包囲を試みると報じている。この包囲戦法の細部については後述する。

## 接近戦が怖い

本書「はじめに」で述べたように、我々は日本陸軍といえば「白兵主義」、すなわち銃剣突撃→肉弾戦に長《た》けた軍隊とのイメージを持っているが、同時代の米軍側の印象はどうだったのか。ニューギニアで実戦を経験した米軍将兵たちの言葉を紹介しよう。

IB一九四四年四月号「戦闘における日本軍の特性と反応」において、東部ニューギニア・ブナ作戦の従軍者は「平均的な日本兵」について「奴は決定的な特徴を持っている。勝ち目がないと明らかに死ぬのを嫌がり、総崩れになると豚のように喚《わめ》いた。ずる賢く、有利な地位を占めるため環境を最大限利用する。偽装は優秀だ。よく木に登ってある目標を何時間も待っている。我が射撃を誘い出したり陣地を見つけるためにおとりを使う。経験の浅い部隊を混乱させるためのいろんな策略に明るい。勝てそうだとなると粘り強く戦う」と評している。ビルマなどと同じく勝っているときは勇敢だが、負けそうになるとたんに死を恐れ、弱くなったというのである。

また、ソロモン諸島・ニュージョージア作戦に参加した米軍情報将校も、同じ記事で日本兵は接近戦を恐れ、敵部隊が近づくと逃げたと報告している。「奴らは接近戦を恐れており、よく偽装されたタコ壺か要塞化された陣地にいない限り、我が部隊が近づくと逃げた。射撃は下手で、五〇ヤード〔四五・七メートル〕かそこら離れていても安全だった。しかし偽装の専門家で、ジャングル戦の完全な教育を受けていた。命令によく服従し、夜間攻撃と艀《はしけ》を操る能力を示した。将校がしばしばその士気を高めた。英語が話せる者は一〇〇人中一人もいない……」。

ただし、すべての日本兵がこれらの証言のように接近戦を恐れていたわけではない。IBには「日本軍と南西太平洋で戦っていた米軍兵士たちが敵である日本軍の戦術、および兵士個人について最近内々に議論を交わし」た際の発言集が掲載されており、その中には「日本軍小銃の銃剣は偽装されていない。奴らはそれをぎらつかせながら攻撃してくる」という米兵の証言もあるからだ（一九四四年九月号「米軍下士官兵、日本軍兵士を語る」）。

日本軍の銃剣は反射防止のため黒染めされているはずだが、米兵の脳裏に接近戦を挑んでくる日本兵の銃剣や軍刀が強い印象として刻まれたため、この証言になったのだろう。

## 将校を撃て

先に日本兵は個人射撃は下手だが射撃規律は良好、つまり集団で指揮官の命じた目標に一斉発砲するのは上手だという米軍側の評価を紹介した。先のIB記事にも「日本の射撃法は我々より明らかに劣る。狙撃兵は上手なようだが、それでも狙撃兵に取り囲まれて一発も命中しなかったことがある」「日本の将校を倒すと、部下は自分では考えられなくなるようで、ちりぢりになって逃げてしまう」という米兵たちの発言が掲載されている（四四年九月号「米軍下士官兵、日本軍兵士を語る」）。ここでも日本兵は個人の技能や判断力に頼って戦うよりも、上官の命令通りに動く集団戦のほうが得意と評価されていたのである。

私はこのような事態に至った歴史的背景に、日本陸軍の教育を挙げたい。陸軍はいわゆる大正デモクラシー期の一九二一年に軍隊内務書を改正して兵に「自覚的」な「理解」ある軍紀や服従を求めたのに、満州事変後の一九三四年になるとそれは「誤れる『デモクラシー』的思想」への迎合に過ぎぬとして、その「綱領」から「衷心理解ある」や「小事に容喙《ようかい》して自主心を萎靡《いび》せしむるか如きある可《べか》らす」などの文言を削除し、兵の自発性を否定してしまったのである（遠藤芳信『近代日本軍隊教育史研究』一九九四年）。日本兵たちが将校を撃たれるやばらばらになったのは、こうした軍教育と関係があるかもしれない。

とはいえ、兵が基本的には将校の命令に従って動くのはどの国の軍隊でも共通のことであり、日本軍兵士だけが特にその自発性において劣ったという話でもない。

というのは、日本軍のほうでも米軍の将校を特に狙い撃ちしていたからである。IB一九四五年六月号「将校が撃たれている」は、味方将兵にそうした日本軍戦法への注意を喚起した記事である。フィリピン戦で負傷したベテラン米軍下士官が新米将校に宛てたアドバイスの手紙という体裁をとり「日本軍は指揮官を狙う習性があります。偵察隊を捕捉するや、指揮官を狙ってきます」と警鐘を鳴らしている。

ちなみにこの米下士官も「同じことはあらゆる軍隊で起こり得ます。日本軍の将校は恐ろしく有能です。彼を欠いた兵たちなど取るに足りません。奴らの射撃規律は最優秀です」と書いて日本軍の集団的規律の優秀さを称揚、その裏返しとしての個人的敢闘精神、自発性の低さにつけ込むよう友軍に勧めている。

ここで興味深いのは、米軍側が自軍下級将校の能力をけっして信用していなかったことだ。手紙の米下士官は「将校がかくも早く撃たれてしまう理由」として次の四点を挙げている。

一、ポイント制の多用が敵から丸見えとなっています。

二、将校は〔隊列の〕三番目、四番目に付きます。日本軍は将校が斥候《せっこう》の後をついていくのを知っています。斥候はめったに撃たれません。

三、将校は兵の向かうべき方向を全然指示できません。たぶん上官からもそうされていない。そのせいで偵察中に多くの会話が交わされることになります。

四、いまだに階級章を付けている人がいます。私たちが階級に従って会話すべきなのは会敵中以外のみです。しかし将校がそうしたがるせいで交替がうまくいかなくなる。

「一」の「ポイント制」の内容は正確にはわからないが、将校の昇進や帰還の順序を出動回数など何らかの〝点数〟によって決める制度かもしれない。その場合、公平を期すために偵察への出動などが毎回同じ面子《メンツ》で固定化され、誰が将校なのかが日本軍にばれてしまっていたとも想像される。「二」は偵察時の油断を、「三」は指揮能力不足を戒めている。

興味深いのは「四」で、「形式主義」といえば日本陸軍の専売特許のような印象がある。しかし米軍将校のなかにも、上下関係にこだわって階級章を隠さなかったり形式張った会話を部下に要求したばかりに、日本軍に将校だと見抜かれ撃たれてしまう無能な者がいたことがうかがえる。

手紙の主の下士官は「私の中隊には延べにして一〇人の将校がいました。作戦の開始時にいた将校は一人も残っていません。中隊長は四回替わりました。下士官は五人いましたが戦線に残っているのは一人だけです。今や中隊全体で将校は二人しかいません」という。この数字自体はおそらく注意喚起のための創作だろうが、米軍のほうでも下級将校の指揮能力・意識改善が喫緊の課題となっていたことがみてとれる。

## 3　銃剣術

日本兵は、実は米軍との接近戦、銃剣戦に及び腰だったと先に述べたが、時に応じることもあったようだ。IB一九四三年一〇月号「米軍観戦者（U.S. observers）による日本軍戦法の解説」に、日本軍兵士との銃剣戦に関する次のような証言が出てくる。

銃剣戦において日本軍は二人組を作ろうとする。その銃剣は柄の下部にフックがあり、一人がそれで敵の小銃をひっかけ、その間にもう一人が銃剣を使おうとする。この戦術が成功したのを一度もみたことがない。日本兵が銃剣の用法について訓練を積んでいるとは思えない。彼らは剣術を使わず、直突を試みる。彼らは銃床打撃を用いず、しばしばこれに騙される（特に垂直の打撃）。ある日本兵は銃床を地面に下ろし、近づいてくる米兵に対し一定の角度で銃剣を向けた。

日本軍の銃剣は我々のそれよりも若干長く鋭いが、それが彼らに何か有利にはたらいたことはなかったように思われる。

日本兵は銃剣戦において一対一の対決を避け、「直突」すなわち「突き」ばかりを用い、「剣術」ができなかったり銃床で殴るという技を知らなかったりで、そこを米兵に衝かれていたというのである。

図4

これは事実なのだろうか。日本陸軍発行の『剣術教範』（一九三四年改正）を読むと「付録 接近格闘」の頁に「床嘴《しょうし》〔銃床の下角部分〕を以て顔面或《あるい》は側腹に当を行う」動作（【図4】、本図は日本陸軍『剣術教範』挿図を米軍が一部アレンジし模写したもの。IB一九四四年一月号「日本の銃剣術」所収）、「敵若《もし》床嘴を以て当て来るとき」の動作（体を接近させて右拳か右膝で当て返す）が図入りで載っており、「突き」だけでなく打撃や格闘も教育されていたかのようにみえる。

しかしこれとは別の解説本、例えば銃剣術範士・陸軍中佐江《え》口《ぐち》卯《う》吉《きち》『銃剣術』（一九四二年）にはそのような複雑な動作の解説はなく、あるのは「直突」「刺突」の範疇《はんちゅう》に属する動作ばかりである。しかも江口は「其《そ》の〔試合〕実施は、実戦場裡に於けるが如くでなければならぬ。即ち、一突を以て敵を倒し得ることが大事であって、現時白兵戦の要義も亦之《またこれ》にある」(傍点、引用者)と述べており、気合いを込めた「突き」こそ銃剣術の命なりと喝破しているかのようである。こうした発言などを考慮すると、本当に日本軍の「実戦場」を想定した銃剣術訓練は「突き」ばかりで、いざ米兵と交戦してみると生来の体格の差もあり(本書第一章二〇頁参照)、劣勢を強いられた可能性もないとはいえないのである。

このことは、日本側の部内報告資料からも裏付けられる。各種歩兵戦技や体操などを教育する陸軍の学校・戸山《とやま》学校がおそらく一九四三年に米、英、カナダ兵捕虜と銃剣術の試合をしたところ、不覚にも負けてしまった者がいた。これは日本側の剣術が「勇猛果敢一斬突にて直《ただ》ちに敵の死命を制」そうとしたのに対し、捕虜たちのそれは「試合中彼我接近するや必ず而《しか》も全員床尾板《しょうびばん》にて相手を打撃」するものだったからである(大本営陸軍部「戦訓報第六号 米、英、加兵の白兵戦闘に関する観察」一九四三年九月一五日)。

戸山学校はこの「床尾板に依る打撃は軽視し得ざるものあり」とし、敵兵の長所は「防払が巧妙」で「接近後優越せる体力を利用し『じり押』に肉迫圧迫し来る」ことだと観察した。要するに日本兵渾身《こんしん》の突きを受け流され、体格差を生かした格闘に持ち込まれると危ない、ということだ。

戸山学校は以上の調査結果を踏まえ、実戦では「刺突が成功せざるときは機敏に左又《また》は右に体を転じ、或《あるい》は速《すみや》かに敵と離れ第二、第三の刺突を反復し、敵が打撃を行う余地無き如くすること絶対に必要なり」（敵と距離を取り格闘戦を回避する）、教育訓練では「鍔《つば》ぜり合を禁止すべきなり」（「敵に床尾板打撃の好機を与」えてしまうため）と結論している。これは「日本兵の剣術は突きばかりで、格闘に弱い」というIBの評価があながち的外れではないことの傍証と考える。

## 銃剣術訓練のようす

前出の元捕虜の米軍軍曹による証言（IB一九四五年一月号「日本のG.I.」）には、戦地の日本軍が日常的に行っていた銃剣術訓練の様子も出てくる。

彼らは銃剣術の訓練を重ねる。彼らの動きはただひとつ、突きである。我々と同じようにたくさんの訓練を積むが、彼らは敵を怯《おび》えさせるために大きな叫び声を上げるよう教えられる。叫ばないときは一連の動作をさせられてやり方を習う。彼らは銃剣付き銃と同じ長さの木製銃で対戦する。兵たちは頭のマスクと胴を覆う板で防護している。この訓練の狙いは受け流しと突きの技法を教えることだ。相手と戦う時には悪魔のような叫び声を上げねばならない。銃剣ではなく叫び声で相手を殺すよう求められているのではないかとさえ思う。

レスリングも教えられるが、日本兵の多くはこのスポーツが全く苦手である。ケンドーもある。竹製の棍棒で打ちあう競技である。

ここでも日本の銃剣術は単純な「突き」ばかりと言われている（IBの編者はこの箇所にわざわざ「軍曹は自分の体験のみで語っている」のであり、それは日本軍の教範とは違うと注釈をつけている）。振り絞るような気勢の声が米国人の耳には「悪魔」の叫び声に聞こえたらしい。なお、米軍軍曹は日本軍の対連合軍戦闘の様子も語っているので以下に引用したい（時期を考えるに、この戦闘はフィリピンでのゲリラ討伐戦ではないかと思う）。

射撃はへたくそで自動小銃や擲弾筒《てきだんとう》〔個人の携行する小型の迫撃砲に似た火器〕は運まかせである。〔敵の〕火線へ飛び込む意志はあるものの、将校に続いて突撃するのをためらっている兵たちをみたことがある。あるときなどは、将校が突撃と絶叫して何百ヤードか進んだところで誰もついてこないことに気付いた。彼は舞い戻って兵たちを殴りつけ、そして突撃した（そのとき撃ちあっていた連合軍兵士はわずか三人だった）。かくしてこの将校は靖国神社へ——過酷な道だ——と進められた！

我々は、皇軍将兵たる者はみな指揮官の命じるまま果敢なる銃剣突撃を敢行していたと信じがちであるが、案外こうした悲喜劇的な光景はアジア・太平洋の各戦場で繰り広げられていたのかもしれない。さらに言うと、それは日本兵の白人に比べて劣った体格のせいであるのかもしれない。

## 4 日本兵の食

### 食事と嗜好

そもそも食は人間の日常生活の基本であり、身体を形作るものである。日本軍兵士たちは日々何を食べていたのだろうか。

元日本軍捕虜の米軍軍曹は、日本軍将兵の日々の食事、酒などの嗜好品について次のように観察していた（IB一九四五年一月号「日本のG.I.」）。

日本兵も我々と同じく、食事と仕事に不満を示す。日本軍の中にも怠け者、へつらい屋はいる。唯一の違いは、彼らは上官に不平を聞かれていやしないかと気を配っていることだ。

食事は問題ない。主食は十分な量の米で肉や野菜、魚が少し付く。可能な限り現地調達するよう教育されている。作戦が終わると、食べられるものはすべて盗む。最も劣等な兵がいつも台所で食事を作る——食事の質は想像が付くだろう。台所では、我々の知る清潔法はほとんど行われていないし、大飯食らいはいない。食事は缶か飯《はん》盒《ごう》に盛りつけられる。駐屯地《ちゅうとんち》では兵舎の中で食べ、食事は一等兵か二等兵が運んで来る。獣のように食べ、食べかすは床に投げ捨てる。

野戦では飯盒で食事を作る。特別の警戒態勢にない限り、一つの宿営地でたくさんの火が焚《た》かれる。

彼らは手に入るのであれば毎月煙草《たばこ》、ビール、サケを支給される。もっと欲しいと思えば買うことも許されている。時々中隊すべての将校と下士官兵が酒盛りを行う（【図5】）。大きな輪になって座り、したたかに飲む。宴会はしばしば数人同士の喧嘩に発展するがすぐに終わる。宴会は戦闘へ行くにあたり、兵の激励のためにも行われ

図5

る。麻薬を使っているのは一度も見たことがない。もし使っているとすれば、隠れてか、あるいは将校たちだけだろう。

この記述から日本軍における略奪、飲酒と暴力の問題が浮かび上がってくる。麻薬に言及しているのは、米軍内では問題化していたためか。「最も劣等な兵」が食事を作る、食堂は不潔だと特に記しているのは、米軍ではそうなっていないからだろう。兵士の〈食〉に対する日米両陸軍の姿勢の違いがうかがえ、興味深い。

軍曹が続けて「日本の将校、少なくとも下級将校は下士官よりいいものは食べていない。食べ物は兵と同じもので、若干品数が違うだけだ。上級将校は王侯のような食生活をしている」と記しているのは、日本陸軍という組織の末端における擬似的な平等性の存在をうかがわせる。同じ物を食べていたことが、将校と下士官、兵を心情的に結び付ける効果を発揮していた。

　宴会で中隊長も兵も一緒に酒を飲んでいたことも、日本陸軍の組織的結合の特徴を示すといえよう。ほぼ同時代といってよい一九四八年、法社会学者の川島武宜《かわしまたけよし》は日本社会において「親分子分的結合の家族的雰囲気」ないしは「兄弟分意識」が醸成される過程で「皆が一緒に酒を飲み、それができない者は「仲間はずれ」にされていることに注目している（川島『日本社会の家族的構成』一九四八年）。将校も兵も、かつて故郷でそうしていたのと同じように、酒を飲んでは互いの結びつきを再確認していたのだ。酒盛りの問題は、大西巨人《おおにしきよじん》「俗情との結託」（一九五二年）が指摘した通り、日本陸軍もしょせんは外部の一般社会と「密接な内面的連関性を持てる〈地帯〉」に過ぎなかったことの証であろう。

## 何を食べていたのか

　日本兵の食べ物はその戦闘力に直結するので、米軍も注目しIBで複数回解説を加えていた。とはいえ開戦当初は「日本軍兵士は戦地にいる間、自分自身で調理しなくてはならない。しかし、分隊の兵士は互いに調理をする。かまどなどの加熱装置は携行されない。朝、その日一日に十分な量の食材が調理される。日本兵はしばしば米と塩のみの食事をとる。砂糖はぜいたくと考えられている。食料は作戦地域で入手せねばならない」とか、「各兵は五日分の野戦糧食を携行する。侵入部隊はより多く持っていることがある。時に日本兵は犬、ヤギなどの小動物を殺して調理し、非常糧食とする」（IB一九四二年九月号「糧食」）といった程度の断片的な情報しかなかった。

しかし一九四四年にもなるとかなり詳しい情報が入ってきた。IB一九四四年五月号「日本の軍隊糧食」を読むと、米軍が日本軍の糧食に注目していた興味深い理由がわかる。

日本軍の糧食はすべて食べられることがわかっており、捕獲したものは米軍の補助糧食として利用できる。糧食は食べる前に軍医将校の検査を受けるべきである。観察者（高位の戦闘将校を含む）は、米軍指揮官に対して戦場へ行く前に、一般的な日本の糧食についての情報提供を受け、必要な場合には捕獲した敵の糧食の利用を推奨している。また、やる気のある炊事軍曹が自部隊の食事の単調さをなくすため、あまりなじみのない日本軍の糧食を使って変化をつけてもよい。また、米が多量に捕獲された場合、基本食としてもよい。

つまり、各指揮官は部下たちが自軍の単調な食事に飽きたら日本軍から捕獲した糧食を食べさせてよい、ついてはどんな食べ物があるかをあらかじめ学習しておけというのである。

もちろん日本軍には米軍に食べ物をわけてやる余裕などなかった。このIB記事「日本の軍隊糧食」は「船舶の喪失、日本地上軍に対する連合軍の攻勢により、太平洋戦線の日本軍は食料が極度に不足して」いることも報じている。

例えばソロモン諸島コロンバンガラ島日本軍守備隊の一九四三年四〜七月までの糧食は「一人一日当たり精米 一ポンド七オンス〔六五二グラム〕／缶詰 二・八オンス〔七九・四グラム〕／乾燥食品 二・八オンス／砂糖 〇・七オンス〔一九・八グラム〕／塩 〇・三五オンス〔九・九グラム〕／ピクルス 〇・五オンス〔一四・二グラム〕／醬油 〇・〇七パイント〔〇・〇三リットル〕」に過ぎず、そのうえ同島守備隊指揮官は五月に次のような命令を出した。「ゴボウ、刻み海草、インゲンマメ、サツマイモおよび干瓢《かんぴょう》を乾燥食品として支給する。缶詰は壊れた箱の中身を始末するため、壊れた箱の中から支給せよ。粉醬油および砂糖は定量を支給できないので、手持ちの量に比例して分配せよ」と。

ただし、日本軍食糧の質量には陸海軍、あるいは戦域によって大きな差があった。例えば日本海軍陸戦隊が防御していたギルバート諸島マキン島を四三年一一月に米軍が占領すると「米以外に、魚（多くはサケ、イワシ）、肉、野菜、果物およびミルクの缶詰が相当量貯蔵されているのが発見された」。ちなみに同島の日本軍は消費して空になった藁《わら》製の米袋に砂を詰め、地下壕や陣地の防護に使うという工夫をしていたという。

**糧食のリスト**

IB一九四四年一〇月号「日本軍の糧食は食べられる」には、日本陸海軍将兵が携行していた野戦・非常糧食のリストがある。

**肉の缶詰**　牛焼肉、コンビーフ、牛と野菜、豚肉と野菜
**魚の缶詰**　サケ、マグロ、イワシ、カツオ、サバ（その他、貝類）
**野菜の缶詰（肉とも組み合わせる）**　大豆、モヤシ、エンドウ、タケノコ、ホウレン草、ヒシの実〔water chestnut ＝クワイ?〕（その他米――おにぎり、赤飯）
**果物の缶詰**　サクランボ、梅、桃、パイナップル、梨、ミカン
**卵の缶詰**　固ゆで（ある海軍航空隊の非常糧食）
**乾燥野菜**　大豆、エンドウ豆、ジャガイモ、キャベツ、ニンジン、タマネギ、ダイコン、マッシュルーム、ゴボウ、干し海草、里芋 taro root（デンプン質の球茎、ハワイ人はこれからポイを作る）

**乾燥魚**　カツオ（サバの仲間の海水魚）
**調味料、保存食**　醬油（粉末または液体）、味噌、梅干し、たくあん、バター、寒天
**基本食品**　米（白米、玄米）、グラニュー糖、塩、クラッカーやビスケットなどの食品
**飲料**　茶、ミルク（練乳、粉末）、サイダー、ウイスキー
**甘味**　キャラメル、飴、チョコレート

米軍が注目し解説を試みたのは、これらのうち何が米国人の口に合うか、についてであった。「カニ、サケ、マグロ、ミカン、パイナップルその他の果物の缶詰、米、茶、砂糖はアメリカ人の口に合う」が「干し魚、海草、大根の漬け物、未調理の米粉は多くの口には合わない。しかしこれらも糧食が不足すれば栄養のため食べることもありうる」と説明されていた。つまり、どれも十分食べられるのだ、と。

こと食べ物の好みに限っては、日米両軍で共通の部分も多かった。「これらの多くはアメリカ人にもなじみ深い。カニ、マグロ、サケ、ミカンの缶詰はアメリカの食料品店にも大量に並んでいた。醬油はアメリカの中国料理屋にあるものに近いが、こちらのほうがより塩辛く、ぴりっとする。タケノコやモヤシもよく知られている。乾燥野菜も水に浸す時間が異なり実験する必要があるかもしれないが、アメリカの方法で元に戻せる。米は精白

米（白米）も未精白米（玄米）も通常の米軍レシピに使える。米は調理してアメリカのBレーションの肉に合わせる。肉、魚、野菜、果物の缶詰は普通の方法で食べてよい」。

とはいえIB「日本軍の糧食は食べられる」は、「捕獲食品利用の基本的な目的は、補給問題をいくばくなりとも緩和することにある」とも述べている。これは物量豊富な米軍といえども局地での一時的な補給不足の危険性からは逃れ得なかったという、彼らの純軍事的かつ深刻な悩みを示しているのだろう。ただ、日々の食事に対する兵士の不満もまた軍事的問題点のひとつと言いうるのであり、米軍上層部がこれを無視しなかったこと、しかも日本軍の糧食をその解決策とみていたのは興味深い。

また、米軍は日本軍兵士の携帯糧食にも注目している。理由は自軍兵士にも緊急時は捕獲品を食べさせるためである。

日本兵は米と乾パン入りの小さな袋を持って戦闘に参加する。可能なら常に肉の缶詰も持つ。およそ二種類の特別に包装された糧食がある。一種は茶色の油紙に包まれた大きさ三・七五×三・五×一・七五インチ〔九・五×八・九×四・四センチ〕、重さ約九オンス〔二五五グラム〕である。どれも日本食で、長方形の圧搾小麦・大麦数個、角砂糖四個、干し魚の茶色い固形物三個、塩辛く赤い干し梅一個以上が入っている。穀物

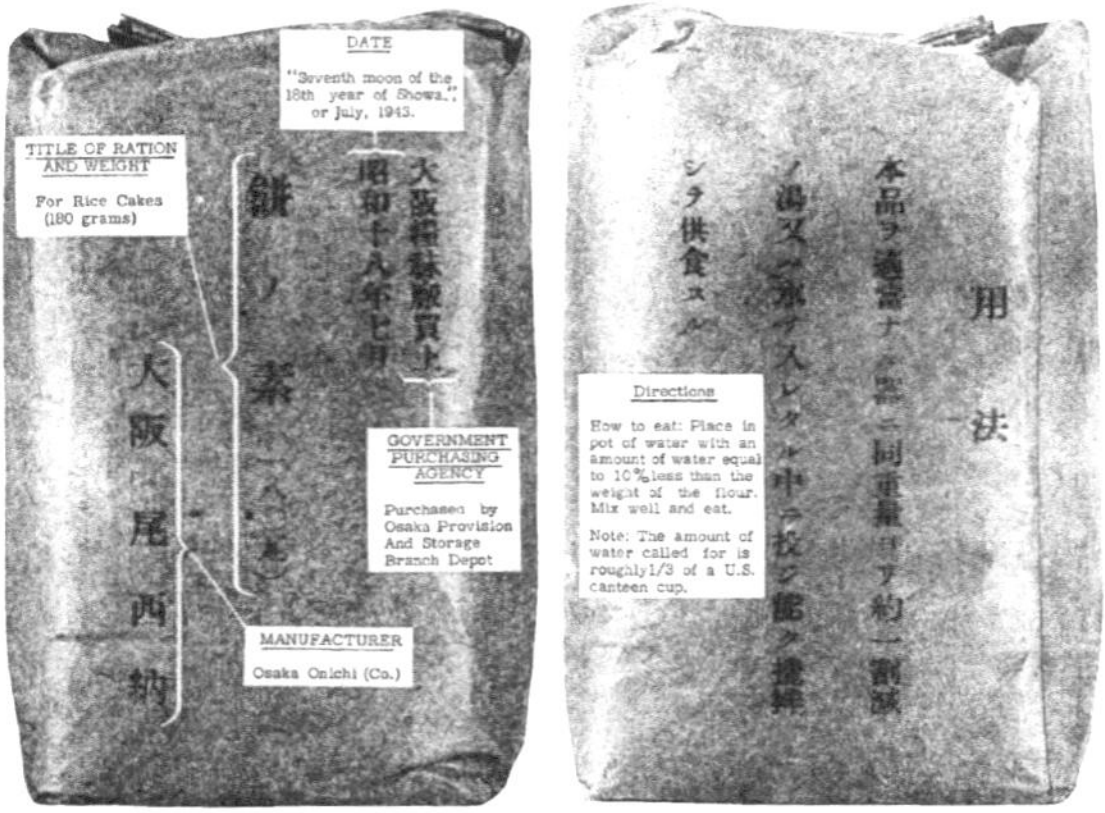


**図6**

と砂糖は良質である。固形物はそのまま食べても、水を加えて温かい朝食用シリアルにしてもよい。

もう一種は透明の包装紙に包まれ、両端を紐で縛ってある。一つの包みに紙包み二つが入っており、中身は同じ――魚と野菜の圧縮固形物と細かく碾《ひ》いた未調理の米粉の包みである。また日本兵は粉と水を混ぜて餅（dough）を作り、冷たいまま食べる。これはアメリカ人の口に合わないが、緊急時には食べられる。

最後の「粉と水を混ぜて」作るのは「餅の素」（【図6】）で、包装紙の説明書きが全部英訳されているのは米兵に作り方を教え、非常食として食べさせるためだが、戦場で実際に食べた者はいたのだろうか。食べ物の量はともかく、質や好みの面では日米両軍兵士間に共通性がそれなりにあったのだ。

**記念品**

戦場での捕獲品といえば、米兵たちにとって日本軍将兵は記念品《スーベニア》狩りの対象でもあった。IB一九四五年九月号「記念品」は、記念品狩りに熱心すぎる多くの米兵が情報収集の妨げとなったり、日独軍が旗などに爆弾を仕掛けた罠《わな》にかかって落命したことに警鐘を鳴らすものであるが、だからといって記念品狩りを禁止することはなく、その望ましい集め方を説いている。禁止しないのはそれが米軍兵士のやる気を直接下げるからである。この記事によると、太平洋戦線で上官の許可を得たうえで所持を許されていた日本軍将兵の所持品は次のようなもの。

サムライ刀、サーベル、ナイフ、日直将校の飾帯、海軍の制服（特別陸戦隊を除く）、生活用品、慰問品、千人針などの非軍事的な個人用品で、特別な捕虜や死体の持ち物とは認められない場合。特に情報価値のない、通常のデザインの鉄帽、拳銃、小銃、騎兵銃、銃剣は、訓練用の割り当てを満たす必要がない限り、記念品として所持してよい。通貨は二〇円まで、日本の軍票は紙幣一〇枚まで各自が所持してよい。日本の旗や標章は提督、将官の個人旗でなければ所持してよい。捕獲した敵の軍旗、軍艦旗、主要な海岸施設の旗を記念品にするのは禁じられている。

引用文中に「訓練用の割り当て」とあるのは、日本軍から捕獲した武器を、来るべき日本本土決戦（四五年一一月に南九州上陸が、翌年三月に関東上陸が計画されていた）のためヨーロッパから太平洋へ転用される部隊の訓練に使うためであった。IBはいう、「彼らは心に日本兵の姿を刻む必要がある。日本兵の制服や戦闘用具のモデルがあれば、それはより簡単になる。彼らは日本兵の鉄帽のシルエットや、それが茂みや鉄条網を擦ったときどんな音を立てるかを忘れないだろう。日本の小銃や機関銃は米軍のものとは違う発射音をたてる。敵の兵器を使って訓練すれば敵味方の識別が容易になる」と。

【図7】は同記事に掲載された、米海兵隊が沖縄の那覇近くで捕獲した日本軍の九二式重機関銃で、「これらの兵器はヨーロッパ戦線従軍者に日本軍について教えるためきわめて重要」との解説がなされている。

本土決戦を前に、工夫をこらして少しでも味方の人的損害を減らそうとした米軍の用意周到さがわかる挿話ではある。さらに、戦場で捕獲した日本の武器は元の持ち主に対して撃ち返すこともあるから記念品にすべきでないとも書かれている。米軍といえども、弾丸は糧食と同じく無限ではなかったのだ。

図7

## 小括

「日本兵とは何か」について、その身体的特徴から考えると、〝l〟と〝r〟の発音の区別こそ苦手だが、米国の連合国たる中国人と同じアジア人であることには間違いなく、米兵に比べて体格が劣るためか銃剣突撃や格闘戦を忌避し、集団で将校の命令通り射撃するという戦法で戦っていた人びと、ということになる。

彼らの食べ物の種類や好みは米国人とそれなりに似通っていた。確かに刀や千人針といった日本兵ならではの持ち物は米兵にとって珍しい記念品たり得たけれども、人種的要素や食べ物の面からみると、日米戦争は単純な意味での人種（異文化）戦争ではないことがわかる。

食べ物のことでさらに言うと、日本兵たちは共に酒を飲み、同じ物を喰らうことでその一体感を維持していた。日本陸軍は今日まで続くところの日本社会の延長ないしは縮図にほかならなかったし、米軍も日本兵を「ファナティックな超人」などとはけっして「評価」していなかった。このことは次章での分析によりさらに明らかとなるだろう。

# 第二章　日本兵の精神

## 1　日本兵の戦争観

### 対米戦争についてどう考えたか

この章では、米軍のみた日本陸軍兵士（捕虜となった者も含む）の精神や意識のかたちについて、士気や死生観、そして性の問題にも注目しつつ考えていきたい。兵士たちはこの対米戦争の行く末をどう考えていたのだろうか。先にとりあげた元捕虜の米軍軍曹は、IB一九四五年一月号「日本のG.I.」で日本兵たちの言動を次のように回想している。

日本兵は五年間服役すれば日本に帰ってよいと言われている。五年の服役を終えて帰国する日本兵の一団をみたことがある。彼らは幸運にも戦争から抜けられるのを非常に喜んでいた（今や八〇パーセントの日本兵が戦争は苦痛で止めたいと思っている、しかし降伏はないとも思っている）。一九四三年に私が出会った日本兵は完全に戦争に飽いていた。彼らは熱帯を呪い、家に帰りたいと願っていた。ある者は東条〔英機首相〕を含めた全世界の指導者に棍棒を持たせて大きな籠の中で戦わせ、世界中の兵士たちはそれを見物したらいいと言った。

日本兵は降伏しようとしてもアメリカ軍に殺されると教えられているが、私のみるところ、それは降伏をためらう主要な理由ではない。恥（shame）が大きな影響を与えている。都会の日本兵は映画のおかげで親米（pro-American）である。皆お気に入りの映画スターがいて、クラーク・ゲーブルやディアナ・ダービンの名前がよくあがった。私がアメリカで買える物を教えてやると彼らは驚いたものだ。むろん田舎者は信じようとしなかったが、都会の者は熱心に聞いていた。

日本軍の最初の一団はアメリカへ行くものと確信していたが、一九四二年一一月、南西太平洋に出発する前にはこの戦争は百年戦争だと言われ、そう信じていた。

日本軍の最後の一団は戦争に勝てるかどうか疑っていた。日本の市民の何人かは、日本はもうだめだと言った。彼らは生命の危機を案じ、日本陸軍が撤退して置き去りにされたら占領地の住民に皆殺しにされるのではないかと怯えていた。

日本兵たちの多くは「百年戦争」と教えられた戦争を倦《う》み呪っていたこと、同じ日本兵にも都会と田舎では相当の文化的格差があり、特に前者は本当のところ「親米」であったことがわかる。ディアナ・ダービンは一九三八年正月に主演映画『オーケストラの少女』

が日本で公開された人気女優で、若き日の田中角栄《たなかかくえい》は翌三九年に徴兵で陸軍に入った際、彼女のブロマイドを隠し持っていたのを上官に見つかり殴られたそうである（戸川猪佐武『田中角栄猛語録』一九七二年）から、軍曹の話は不自然ではない。

軍曹の見た日本兵たちは確かに「望みは世界を征服して支配民族になること」であり、「我々を打ち負かした後はロシアを取り、続いてドイツと戦うのだと言っていた」（前掲「日本のG.I.」）。しかしその一方で前出の映画に象徴されるアメリカ文化の強い影響下にあり、「親米」でもあった。これは、対米戦争当初の日本にはアメリカ人に対する蔑称らしいものがなく「鬼畜米英」が盛んに叫ばれるのは四四年に入ってから、つまり実際には対米戦意が高いとはけっしていえなかったという、現代の歴史研究者の指摘を裏書きする（前掲吉田裕『シリーズ日本近現代史⑥　アジア・太平洋戦争』二〇〇七年）。引用文中の「日本の市民」とは移民などで現地にいた在留邦人を指すか。

米軍軍曹は戦地の日本兵たちの娯楽について「映画（初期の勝利を宣伝官が観せている）も、古いアメリカの映画もある。日本兵はアメリカの唄と踊り付きミュージカルコメディをみると熱狂する」とも語っている。戦地ですら日本軍兵士が敵米国製映画に「熱狂」していたとの証言は、彼らの〝対米戦争観〟の内実を考えるうえできわめて興味深い。

**名誉意識**

IB「日本のG.I.」の米軍軍曹は日本兵たちの名誉意識、つまり軍人としての誇りや戦って死ぬための大義について、次のような観察をしていた。

日本兵たちは天皇のために死ぬことが最高の名誉だと教えられている。彼らはヤスクニ神社に祀《まつ》られ、一階級進められる。しかし大きな戦闘だと兵は二階級進められる（戦死すれば）。田舎者はたいへん素晴らしいことだと思っているが、教育を受けた都会の者はだまされない。多くの者が″Little Willie″を切実に求めている〔四四年三月、独ベルリン空襲で高射砲に撃破されつつもかろうじて生還した米軍B－17爆撃機″Little Willie″号になぞらえ「帰還」を意味するか〕と言う。

同じ日本人でも、靖国神社をめぐって「都会の者」と「田舎者」の間に温度差があるという指摘は興味深い。お上の教える殉国イデオロギーに対する批判精神の強弱は、それまでの人生で受けてきた教育の場と長さに比例するのだろう。天皇のために死んで靖国へ行くためでなければ、日本兵たちはいったいなぜ戦うのか。軍曹は続けて言う。

だが一方で皆降伏したり捕虜になったら祖国には戻れないと信じている。もしそうなれば殺されると言っており、もっとも教育のある者ですらも同じく信じている。この信念が、彼らを強敵たらしめている基本的要素の一つである。体罰への恐怖もまた、戦場での働きの重要な要素である。個人的には、日本兵は頭脳と自分で考える力を考慮に入れる限り、三流の兵隊だと思う。私は数人の、どの陸軍でも通用する兵隊に出会ったが、それはあくまで数人に過ぎない。

天皇や靖国のためではなく、味方の虐待や体罰が怖いから戦っているに過ぎないという軍曹の指摘を踏まえるならば、日本軍兵士は敵アメリカと戦うための明確な大義を「自分で考え」、敵を激しく憎むことができなかったことになる。このことが米軍側から「三流の兵隊」呼ばわりされるに至った根本理由だったのかもしれない。

ところで軍曹は「日本兵は互いに愛情を持たない。例えばあるトラック中隊は上級将校の命令がない限りよその中隊を手伝おうとしない。トラックの仕事がないとのらくらしている」とも述べて、日本兵たちの態度に奇異な印象を示していた。これは前出の法社会学者・川島武宜が日本の「非近代的＝非民主的社会関係」を支配する原理のひとつに挙げた「親分子分的結合の家族的雰囲気と、その外に対する敵対的意識との対立」すなわち「セクショナリズム」そのものである（前掲『日本社会の家族的構成』）。もっと卑近な言い方をすれば、自分の属するムラ（＝中隊）の中では互いに酒を飲み助け合うが、ヨソ者には冷たいといったところか。日本陸軍はその末端において、天皇や「公」への忠誠よりも仲間内での「私」情により結合する組織であった。

日本陸軍が一九四三年の『軍隊内務令』（軍隊生活の規則書）制定にあたって軍内にはびこる「親分子分の私情」や「功利思想」を完全否定し「大元帥陛下に対し奉る絶対随順の崇高なる精神」を改めて強調せざるを得なかった（拙著『皇軍兵士の日常生活』二〇〇九年）のも、こうした日本兵たちの日常的態度をみればよく理解できる。

## 捕虜との会話

これとは別に、米軍が日本兵捕虜に行った尋問からも、彼らの戦争観や戦いの行く末についての考えを知ることができる。IB一九四三年五月号「日本兵捕虜から得た情報」は「数人の捕虜が、アメリカ合衆国、イギリスとの戦争に行くのは嫌だったと述べている。一人の捕虜は、日本の兵士や水兵たちが戦争に負けるのではないかとの見通しを語っていたと述べた。彼はロシアが日本に向かってきてウラジオストクを爆撃基地として使うのではないかとひどく恐れていたと述べた」と報じている。米英との戦争だけでも負けそうなのに、ソ連までが攻めてくるのではないかという恐怖心が兵士たちの間に存在し、その士気を押し下げていたのだろう。

同記事によると、少なくとも二人の日本兵捕虜が、上官からの扱いを恨んで脱走したという。「うち一人はマラリアでニューギニアの休養所（rest camp）に入れられ、上官から〝怠け者〟と責められて〝蹴られ、小突かれ、殴られた〟。彼はこの扱いに絶望的となり、オーストラリア軍の戦線にたどり着くまで三日間ジャングルをさまよった」という。もう一人は「ガダルカナルで割り当てよりも多くの米を要求したら将校に叱られたのでジャングルに入りこみ、米軍の戦線にたどり着いた」という。数は少数かもしれないが、日本陸軍にも上官の振る舞いや待遇に不満を持ち脱走、敵軍を頼った者がいたのだ。軍上層部はこれを「奔敵《ほんてき》」と呼び、すでに日中戦争の時から問題視していた。その件数は確認されただけで一九三七〜四三年度までに一五二件にのぼっている（陸軍省『陸密第二五五号別冊第八号 軍紀風紀上等要注意事例集』一九四三年一月二八日）。

これらの日本兵捕虜たちは自分の行く末に関する米軍の尋問に対し、先に示した友軍兵士たちの「万一捕虜になったら国には絶対帰れない」という認識（本書六二頁参照）とはいささか異なる趣旨の答えをしていた。

捕虜の多くは、捕まったのは終生の恥（life-time disgrace）であると語った。最近尋問されたある捕虜は、祖国に帰ったら全員殺される、父母さえも自分を受け入れないだろうと言った。しかし、何らかの手心が加えられるかもしれないとも述べた。別の捕虜は、生まれ故郷でなければ、帰国して普通の生活ができると思っていた。（前掲「日本兵捕虜から得た情報」）

捕虜たちにとっては皮肉にも「生まれ故郷」の人びとこそが最大の足かせとなっていた。逆に言うと、「生まれ故郷」以外なら元捕虜の汚名を背負っても何とか生きていけるだろうという打算をはたらかせる者もいたのである。皆が皆、『戦陣訓』的な「恥」イデオロギーを内面化させ、その影響下で日々の生活を送っていたのではない。

なお、ある捕虜は「惨敗した連隊長は「面子《メンツ》を保つ（saving face）」ため部隊の編成地に戻されて厳重に処罰され自殺すると述べた」という。確かに一九三九年のノモンハン事件で複数の日本軍連隊長が敗北の責任をとらされて自決に追い込まれた事実があり、こうした噂の伝播《でんぱ》が将校をして部下もろとも絶望的な抵抗に駆り立てさせたとも考えられる。

日本軍の兵士に対する待遇に関しては、ほかにもいろいろなことが捕虜たちの談話から読みとれる。たとえば、「日本の下士官兵は給料を家族に仕送りするのを禁じられていた。彼〔捕虜〕はこれに関して、下士官兵は給料の全額で必要な品物を買うべきだというのが陸軍の考えだと説明した」（IB「日本兵捕虜から得た情報」）という。日用品を買う程度の給料しか与えられない徴兵兵士たちは、故郷に残してきた家族の生活を案じていたのだ。

## 日本兵の日記を読んでみた

米軍は戦場に遺棄された日本兵の日記を捕獲して解読、彼らの士気を探ってはIBで自軍将兵に報じていた。対米戦下の日本兵の士気、意識とはいかなるものだったのだろうか。

IB一九四三年二月号「日記からの引用」には、おそらくガダルカナル島で捕獲した日本兵の日記が引用されている。この兵士は「九月二九日――この日を待っていたかのように、敵機が円を描いて機銃掃射の的を探し始めた。とても恐ろしく、将兵は何もできなかった。機銃掃射は一日に六、七回やって来て我々は明らかに怯えていた。我々は二九日の夕暮れを待っていた。この日が最後の総攻撃である。最初こそ、奇襲により敵の駐機所まで接近できたが、反撃は猛烈であった」と優勢な敵機に叩かれて士気の下がった現状を悔しく思うとともに、「擲弾筒《てきだんとう》は敵を震駭させるのにもっとも有効である。しかし、射程がわずか二五〇メートル〔約二七五ヤード〕に過ぎず、使う機会がほとんどないという欠点がある」と書いていた。この兵士は銃剣でも小銃でもなく擲弾筒こそをもっとも有効な〝対米戦用兵器〟と見なしていたのである。

また、「敵〔米軍〕の偽装は実に有効である。敵を発見するのは困難で予想だにしない犠牲が出た。五〇〇メートル〔約五五〇ヤード〕以上では偽装は判別できないので細心の注意が必要だ。偽装に対する訓練も必要だ」とあり、日本軍もまた米軍陣地の偽装を見抜けず苦戦していたこと、つまり偽装は日本軍の専売特許ではなかったことが読みとれる。

先に米軍が日本兵を〝l〟と〝r〟の発音で識別しようとした話を紹介したが、彼らは近づく日本兵に日本語で話しかけることでも敵味方を区別していた。日記には「斥候は敵〔米軍〕の射撃に引き返してはならない。斥候の中には敵の話し声が聞こえるまで陣地に潜入し、結局誰何《すいか》され撃たれても自分を保ち任務を遂行した者もある。敵には日本語を解する者もいる。「ダレカ？（そこを行くのは誰だ？）」の声に騙《だま》されてはならない」とある。

## 空襲により落ちる士気

米軍は捕獲した日本兵たちの日記から「日本兵は我々の兵器、特に爆撃機をかなり恐れており、これで彼らの士気を動揺させうること」を読みとった（IB一九四三年一月号「個々の兵士」）。確かに手も足も出ないまま一方的に爆撃されるのは怖かっただろう。

この記事に引用された日本兵の日記には「我が対空砲火に効果がないため、敵（米国飛行機）が旋回しては重要地点に爆弾を投下する。我々は小銃しか持っていないので、唯一できるのはその場から逃げることだけだ。飛行機をみて逃げるとは、軍人らしくもない」、「数発の爆弾が落とされた。爆撃はほとんど被害はないにもかかわらず、非常に恐ろしい。人としての不安な心を思い返しただけでも恐ろしくなる。労務者たちは警報が鳴り響くと同時に蜘蛛の子を散らすように逃げ去ってしまう。兵士も敵の飛行機を見たら内心では逃げたいのは間違いない。高級将校も、誰よりも先に逃げるだろう」といった嘆きの声が並んでおり、航空戦力の劣勢こそがもっとも日本兵の士気を低下させたことがわかる。

とはいえ、IB一九四四年六月号「日本兵の士気と特性」に出てくるある日本軍中尉のように、

我々は空軍について、米独より要するに一世紀遅れていた。ニューギニアの戦いで我々は空軍の価値を第一に認識した。平和な故郷で暮らしている人々は中国における我が空軍の優越について語っていた。実に子供じみた会話であった。ロッキードやノースアメリカン、もしくは五〇～六〇機の爆撃機編隊による連続爆撃を受けずして、空軍の重要性を真に理解することは不可能だろう。この戦争は補給戦であることもわ

かった。船舶輸送が勝敗の鍵を握っている。通常の補給線を維持するだけでも空軍が重要となる。ああ、空軍さえあれば！　兵卒ですら同じ意見をいっている。

と航空戦力の劣勢が自軍の劣勢に直結していることを認めつつも、続けて「米軍と豪軍はどうか？　彼らが自慢してよいのは物質力だけだ。みているがいい！　我々は絶滅戦争(a war of annihilation)に突入するだろう。全陸軍の将校と兵がこの思いで米豪軍を皆殺しにする欲求をかき立てている」と語り、改めて闘志を燃やす者もいた。彼にとってこの戦争はまさしく「絶滅戦争」であった。日本軍のなかには確かにこうした烈々たる戦争観、敵《てき》愾心《がいしん》を抱きながら対米戦を戦っていた者もいたのだが、それがすべてだったと断じるのは米軍側の分析をみる限り難しい。

## 規律の乱れ

多くの日本兵は負け戦が込んでくると、米軍側に奔《はし》らないまでも士気をひどく低下させ、各種の犯罪も多発した。IB一九四三年六月号「日本軍についての解説――その文書から」は「ニューギニアのある地域における日本軍の軍紀は、完璧にはほど遠い状態だった」と断じ、その理由として、ある日本軍の小冊子に「作戦中、軍紀にふれる犯罪が多数発生した。精神力の弛緩《しかん》と気力不足のためである。軍紀にふれる犯罪は以下のもの。略奪・強姦（もっとも多い）、住居侵入（次に多い）、命令違反（多くは酒に酔って）、軍装備品の破壊、脱走、立入禁止区域への侵入、無許可の歩哨位置離脱、秘密文書の紛失、特に暗号書」と書いてあったことを挙げている。

またIB一九四三年四月号「日本軍についての解説——その文書から」が「一九四二年九月一一日、ニューギニアのある日本軍司令官が発した指示の要約」として「嫌な事は忘れ、よい事だけを覚えておくように努めよ。ヒステリー女と同じようにくよくよしても無駄だ。我々は皆食糧不足でやせ細っているが、乗船時にやつれた表情を見せてはならない。「武士は食わねど高楊枝」というではないか。［解説・彼はあまりに自尊心が強いので、食物不足に苦しんでいることを認められない］」。これは、現在でも見習うべきことだ」との一文を載せたのも、日本軍が負け戦という現実を精神論で克服ないし糊塗《こと》しようとしたことの現れだろう。

同じ記事に、四二年一二月一日ニューギニアのある日本軍司令官が出した「会報」が引用されている。そこでは、

我が部隊の一部は昨日（三〇日）、敵が固定無線通信所の地域に侵入したので退却し

たとの報告を受けた。分遣隊の全憲兵が徹底的に調査中である。

命令もないのに守備地を離れる者は陸軍刑法に照らして厳重に処罰、もしくはその場で処刑されることを忘れるな。容赦はしない。軍紀を振作《しんさく》し勝利の基礎を固めるため、逃亡者は厳しく処罰する。

銃や刀のない者は、銃剣を棒に結びつけよ。銃剣もない者は木槍を常時携帯せよ。銃剣のみで、何の武器も持たず歩いている者がある。各自すぐに槍を用意して、まさに突撃せんとしつつある部隊のごとく準備を万全にせよ。患者にも準備させせよ。

と、士気の低下や多発する逃亡に重罰で対処しようとした日本軍の姿が浮き彫りにされている。今日、我々の抱く日本陸軍イメージが「ファナティック」とされているのはこうした精神論の跋扈《ばっこ》をうけてのことであり、それはけっして間違ってはいない。

ただ、日本軍将校たちは空虚な精神論のみで兵の士気を鼓舞しようとしたのでもない。IB一九四四年六月号「日本兵の士気と特性」は「ブーゲンビル島タロキナにおける対米総反撃の直前、日本軍将校たちは部下の士気を高めるべく、部下に米軍の戦線内にはもし手に入れば三年間は持つほどの糧食と煙草があると言った」し、「将校たちはその他の機会にも同じ目的でこの種の発言をしている」と報じている。将校たちは食べ物＝実利で釣ることによっても、部下たちの戦意を何とか奮い立たせようとしていたのだ。
しかしこのブーゲンビル島の日本軍守備隊は精神論を行き着くところまで行かせてしまい、なんとも奇矯な行動をとるに至った。IB一九四四年九月号「(短報)ヤルゾ!(Yaruzo!)」によると、同島トロキナにいた日本軍司令官は戦意の低下を防ぐため、次のような奇妙な命令を出した。おそらく捕虜の証言だろう。

米軍撃滅のため、朝夕の点呼時に次の訓練を行うことにする。
一　眼を閉じ、片方または両方の拳を握りしめて振り上げ、〝チクショー!(Damned animal!)〟と叫ぶ。そうすればヤンキーどもも怯《おび》えるだろう。
二　続いて上級将校が〝ヤルゾー!(Let's do it!)〟と叫び、部下が〝ヤリマス!(We will do it!)〟と唱和する。
三　最後に、将校が刀を右手に握り、決然たる袈裟《けさ》斬りの構えを取る。刀を振り下ろし〝センニンキリ!(Kill a thousand men!)〟と叫ぶ。

「チクショー!」と絶叫する将校たちは真剣だったのか、上から言われて渋々やっていたのか。部下はそれをどうみていたのか。何とも戯画的な帝国陸軍末期の姿であった。

## 2　日本兵と投降

### 日本兵捕虜を獲得せよ

米軍のみた日本軍兵士たちはけっして超人などではなく、勝っていれば勇敢だが負けとなると怯えた。それにもかかわらず彼らの多くが死ぬまで戦ったのは、先に引用した米軍軍曹の回想にもあった通り、降伏を禁じられ、捕虜は恥辱とされていたからである。

しかし米軍側は最新の軍事情報を集めるためにも日本兵を捕虜にしたがっていた。そのため彼らは、まず自軍将兵に捕虜獲得の重要性を繰り返し説くことからはじめた。

IB一九四三年七月号「日本兵捕虜」が「日本兵は投降するのか？」と問題提起する記事を載せたのは、「米軍はすでに数百人の日本兵を捕虜にしている……彼らは長く絶望的な抵抗の果てに補給を断たれ増援の見込みもなくなり、帝国陸軍が本当に無敵であるのかについて疑いを持ち始めた」、したがって「答えは明らかに『イエス』だ」と結論づけることで、読み手の自軍将兵に日本兵をもっと大勢捕虜にするよう奨励する意図があったからと思われる。

この「日本兵捕虜」は、「ガダルカナルでかなりの数の日本兵が日本語の放送と宣伝ビラにより投降した。放送は両軍の戦線が近接し、かつそれなりに安定しているときを見計らって行われた」と前線での投降勧告の様子を報じているのだが、意外なことに当の米軍兵士がこれを妨害したと述べている。

これに応え、日本側はまず一人を手を挙げて送り出した。もし彼が傷つけられなければ他の者も出てくる。しかし「すぐ撃ちたがる（Trigger-happy）」米兵が発砲すれば出てこなくなる。「撃ちたがる」米兵は前記のような状況のみならず、斥候に出ているときやその他「沈黙は金」とされているときにも盛大なへまをやらかすことがある（ガダルカナルで長期間を過ごしたある報道特派員が、下級将校や下士官兵に対するジャングル戦のアドバイスを求められ、開拓地のインディアンのように静寂を保つこと、ねずみを待ち受ける猫のように辛抱強くあることだ、と言った）。

このように米軍側にも日本兵をみたらとにかく「撃ちたがる」者がいて、それが日本兵の投降を妨げ、結果的に自軍の損害を増やす一因となっていたことがわかる。

ガダルカナルの米軍は、捕まえた日本軍「労務者」のうち志願した者を一人、二人と解放してジャングルに向かわせ、他の者を米軍の戦線まで連れて来させるという計画を実行した。彼らは役目を完全に果たして他の者を一週間以内に米軍戦線まで連れてきた。かくして捕らえられた「捕虜たちの反応」は次のようなものだった。

日本兵たちはおおむねよき捕虜である。彼らは厚遇に感謝し、実に協力的である。ある日本の高級将校は米軍将校に日本語で話しかけられてもはじめは名前以外一切の情報を与えなかった。やがてアメリカの厚遇により信頼が生まれ、ためらいなく話すようになった。「拷問でも何でもやってみろ、何も話さないから」と彼は言ったものだ。「でも厚遇してくれるなら知りたいことは何でも話す」。

また、投降した日本軍の中尉は、退却する部隊の殿《しんがり》になれと命じられたことを明かした。「なんで俺が殿に？」と彼は問い返した。「他の奴らは逃げていったじゃないか、俺は貧乏くじを引くような間抜けにはならないぞ」。

ほぼすべての捕虜が、捕まれば殺されると思っていたと述べた。

数名の捕虜に「将校たちから米軍に虐殺されるぞと言われたか？」と聞いてみた。全員が否定した。「いや、そんなことは全くない」と一人が応えた。「戦いの一過程としてそうなるだろうと思っていただけだ」。

兵のみならず将校のなかにも、自分への評価や待遇に不満があれば寝返る者がいた。よく日本軍将兵が投降をためらった理由に「米軍の虐待」が挙げられるが、捕虜たちはこれを明確に否定している。先にも述べたように日本で「鬼畜米英」などの言葉が登場したのはガダルカナル敗退後に政府が国民の敵愾心昂揚のため、米軍兵士の残虐性を強調するキャンペーンを繰り広げてからの話である（前掲吉田裕『シリーズ日本近現代史⑥　アジア・太平洋戦争』）。日本兵にとって「米軍の虐待」が降伏拒否の理由となったのはこれが効き出して以降のことかもしれない。

これに似た日本兵捕虜の発言は、一九四二年ソロモン諸島で日本軍と戦った海兵隊員の話にも出てくる。IB一九四二年一一月号「ソロモン諸島作戦」によると、ある米海兵隊将校は「〔日本兵〕捕虜はみなアメリカに捕まったら殺されると思っていたと述べた。しかし上官にそう警告されたわけではなかった」と語ったという。日本兵捕虜たちが「全員が降伏という不名誉のため、絶対に日本に帰ることはできないと主張した」ことからみて、すくなくとも一九四二～四三年ごろの日本軍将兵が降伏を拒否したのは、プロパガンダによる虐待への恐怖心よりもむしろ、自分や家族が被るであろう社会的迫害へのそれが主たる理由だったのではないだろうか。

## 日本軍の士気——亀裂拡がる

一九四五年秋に日本本土上陸を控えた米軍は、IB一九四五年九月号に「日本軍の士気——亀裂拡がる」と題し、日本軍将兵の士気状態とその変化に関する詳細な分析記事を掲載した。これは米軍が戦争を通じて蓄積してきた対日心理戦研究のエッセンスであり、その水準を知るうえでも非常に重要と思われる。

この記事はまず、「戦争初期のころ、生きて捕まる日本兵はまれで、戦死者一〇〇人に一人の割合であった」が「沖縄、フィリピン作戦の後半では死者一〇人に一人の割合で捕虜になっている」こと、「自発的に投降して無傷で捕まる兵、将校（隊長の者もいる）の割合も増加している」ことを強調している。これは何も人道精神の発露などではなく、「日本兵を最後の一人まで根絶やしにする必要がなければ、それだけ米兵の命も助かるのでよい傾向といえる」からに過ぎない。

確かに日本兵たちは「捕虜になる不名誉と、それが本人や家族に及ぼす結果を怖れている。さらに、敵手に落ちれば虐殺されると宣伝されている」が、心理作戦を適切に行えば彼らの士気を低下させ、投降させることも可能である。

では、実際の心理作戦ではどこにつけいるのか。

日本兵は「他国の兵と同じように、自軍の上官に対して疑いを持つ。多くの体罰を受けているし、上官が兵よりたくさんの食べ物、酒、女性を得たり、兵が戦っているのに上官は後退を命じられる（しばしば起こる）のを見れば差別されていると感じている」し、上官の方も「〔部下への〕指導力を失うと断固たる行動も、変化する状況に自分を合わせることも難しくなると感じている」。だから、そこを衝いて両者を分断すればよい。

また、日本兵は「ホームシックにかかり、家族を心配している。彼は精神の高揚を保つ手紙をほとんど受けとっていないし、この数か月間、自らは体験していなくとも、周囲の者から日本本土への猛爆撃の悲惨さについて聞かされている」から、そこへつけ込むことでも士気を低下させられる。

では、いかなる具体的手法で日本兵の思考を変えさせてゆけばよいとされたのか。

まず第一に、それまでの人生における思考習慣を変えさせること。日本兵の士気に亀裂を入れるため、米軍（記事では連合軍）はこれまで次の「くさび」を入れてきたという。

くさび1　直属の隊長および上位の指揮官の能力に対する疑いを持たせる。

くさび2　個人に死を要求する、最高軍事指導者の究極的目標の価値に疑いを持たせる。

くさび3　日本の戦勝能力について疑いを持たせる。日本は同盟国がみな敗北し、アジアの人々には離反され孤立している。さらに、連合軍の戦略、物量、精神上の優勢に直面している。
くさび4　戦死の意味に疑いを持たせる。日本兵にとって、無駄死によりも生きて新日本を再建し、大和民族を維持することのほうが尊い〔はずだ〕。

さらに、日本兵の恐怖を取り除くため二つの攻略法がとられてきた。まず「米軍に捕まったら虐待される」という恐怖を取り除くために、「捕虜はよい待遇――適切な食事、衣服、煙草など――を米兵の手より受けられる」と教えること。次に、将来の不名誉への恐怖を取り除くために、「お前はこの戦争を幸福にも免れた数千人の一人に過ぎない」と教えること。多くの捕虜は自分だけが捕虜になったと思い込んでいるのでこれを否定し、「アメリカの勝利は明白なので戦争が終わったら家に帰って家族と普通の社会生活を営める」と保証してやるのである。

## 心理戦の手法

IB一九四五年九月号「日本軍の士気――亀裂拡がる」は、日本兵に「降伏」の言葉は厳禁、日本人の心理に照らせば「我々のほうへ来い」「名誉ある停戦」などとしたほうが効果的であるとも指摘している。「日本人の心に深くしみこんだ『面子《メンツ》を守る』という性質から、受け入れがたい現実を覆い隠すに足る言葉が見つかる。思いも寄らなかった行動も、適切な慣用句が見つかれば、一つの言葉で受け入れられるようになるのだ」。つまり、これは降伏ではなく停戦なのだと自分に言い訳するための理屈を教えてやればよいというのである。

心理戦第一の宣伝手法は宣伝ビラを飛行機から撒《ま》くことである。「日本兵によく読まれ、効果があったのは、フィリピンで使われた落下傘（パラシュート）ニュースのような新聞〔形式のビラ〕を撒くことであった。最近の米軍ビラは捕らえた捕虜に試してみることで用法に多大の改善が加えられている」。

第二の手法は拡声器で、「多くの場合、日本兵捕虜がもとの所属部隊に呼びかけることで、アメリカ軍は日本兵を殺さないという絶対的な保証が得られた」。

第三の手法は、「捕虜を捕まえた地域に戻して戦友に投降を勧誘する」ことである。「この手法を拡声器と組み合わせたことで一定数の捕虜が得られた。この任務に出た日本兵で戻らない者はなかった」とされる。

## 捕虜は米兵の命を救う

IB「日本軍の士気——亀裂拡がる」によると、米軍対日心理戦担当者たちの最大の仕事の一つは、実は味方の「第一線将兵たちに捕虜獲得の必要性を納得させること」であった。担当者たちは味方に次のように呼びかけねばならなかった。捕虜から得た情報は戦術上も戦略上も大変役立つし、「我々のビラを書くのを手伝い、拡声器で話し、野外へ出て他の捕虜を連れてくる。加えて、戦友に生きて捕まったところをみられた捕虜は、米軍が捕虜を虐待しないことの生きた証である」と。こう言わねばならなかったのは、逆の事態が多発していたからに他ならない。

そうして投降者を一人でも殺してしまえばどうなるだろうか。「日本兵の間に生きている、捕まれば殺されるとの確信を深めてしまう。日本陸軍における噂の伝達が我が方のそれと同じくらい速いのは間違いない。捕虜一人は何千枚ものビラを上回る価値がある。そして、潜在的捕虜を一人殺せばそれ以上の破壊的効果が生じるだろう」。

米軍がここまで捕虜獲得にこだわったのは、いったん捕らえた日本兵捕虜は実に御しやすく、有用だったからである。「日本軍の司令官が出した膨大な命令は、彼ら自身が、陸軍の大部分を占める単純な田舎者（Simple-Countrymen）は連合軍の尋問官がうまく乗せれば喜んで何でも喋《しゃべ》ってしまう、と十分認識していることの証である」。何でも、というのは捕虜たちが「日本軍の築城計画を図に描き、我が方の地図を修正し、日本軍の戦術的弱点を論じ、味方の陣地占領のため用いる戦術までも示唆」したことを指す。

日本兵捕虜たちがかくも協力的だった理由を、米軍は次のように理解していた。

捕まった日本兵は通常虐待された後で殺されると思っているが、「命が救われたと知ると、彼は好意を受けたと感じる。日本人は誰かの好意や贈り物を受けたら最低でも同等のお返しをしなければ顔（face）――自尊心、自信の同義語――がつぶれてしまう。捕虜たちにとって命という贈り物にお返しをする唯一の方法は、我々が彼に求めている物、特に情報を与えることであるようだ」。日本人は貸し借りに生真面目な性向だから、まずは「助命」という恩を着せよ、というのである。

よって、捕虜への乱暴な扱いはその面子をつぶして情報価値を失わせる最短の道であり、「彼の上官がしばしば耳に吹き込んでいるところの、白人は野蛮人であり、捕虜を虐待した後でためらいなく殺すという宣伝を裏書きする」。しかし「親切、公正な扱いは白人の威信を高め、捕虜にその捕獲者への新たな敬意とともに、自らの顔を取り戻したいという欲求をもたらす」。つまり米軍という他者に自分は役に立つ、有用な存在だと認められたい日本人の心理をうまく利用せよ、とのアドバイスである。

今日、日本兵捕虜が米軍の尋問に対し戦艦大和や零式戦闘機の性能などの最高機密をいとも簡単に喋ってしまった事実が知られている（中田整一『トレイシー　日本兵捕虜秘密尋問所』二〇一〇年）。その背景には、米軍側が日本人の心理をかくも詳細に分析し、しかもIBなどの閲覧容易媒体を通じて末端まで周知させていたことがあろう。もちろん、こうした啓発記事の存在は、捕虜をとりたがらない米兵が最後までいたことの証拠でもある。

戦後に書かれたもと日本軍捕虜の体験記を読むと、米兵が非常に親切であったとの記述を目にすることがあるが、その背後に実はこうした冷徹なる〝計算〟が隠れていたと言わざるを得ない。実際、IB「日本軍の士気——亀裂拡がる」は自軍将兵に対し、次のような損得勘定そのものと言うべき呼びかけをしていたのだ。

前線将兵は捕虜にしうる日本兵に対し、私情を交えぬ態度をつちかうべきである。捕虜に対する侮蔑と嫌悪という自然な感情を許せば、それは必要のない嫌がらせにつながり、我々の得られる情報は減ってしまう。一方、正しい扱いは、連合軍将兵の命を救い作戦の完了を早めるであろう、時宜にかなった価値ある情報をもたらす。

## 日本軍の尋問は腕力

対する日本軍部内の情報漏洩《ろうえい》防止策はどうなっていたのだろうか。以下に掲げるのは米軍が摑《つか》んだ日本側の対策である（IB一九四五年九月号「日本軍、防諜を強化」）。

日本軍も敵に情報をとられていることは気づいており、防諜に敏感になっていたが「防諜の機運は最初にレイテで起こり、沖縄で高まった」というから対応は後手後手である。

具体的な防諜策は各部隊の将校、下士官兵が相互に、あるいは民間人と接する際の規則を定めること、部隊が作成した機密書類は高い格付けを与えて地名・部隊名は記号で表示し、役割を終え次第処分すること、暗号化された文を電話で平文に置き換えたり、部隊の移動・装備・組織などに関する事項を電話で話すのを禁止することなどである。兵たちの郵便についても「我が方のそれと同じくらい厳重な検閲が行われ」「葉書は抜き取り検査だが、封書やその他封筒入りのものはすべて、中隊長か高位の将校により開封、検閲される」という。注目すべきは「沖縄戦の終わりに至るまで、日本兵の死体から個人を特定できる物が何一つ見つからなかったとの報告が多数なされている」ことだ。

前出のIB一九四五年九月号「日本軍の士気――亀裂拡がる」も「最近の日本軍の命令は、もし兵が不運にも連合軍の手に落ちたとき、その親切な扱いに騙されてはならぬと強調している」と述べている。これらの報告をみるに、日本側も戦争の最終段階では自軍将兵が捕虜となる可能性を否定できず、一定の対策は講じていたようだ。

ところで、逆に日本軍が捕らえた連合軍捕虜から情報を引き出す際の手法はどうだったのか。「日本軍、防諜を強化」の一年ほど前に出た、IB一九四四年六月号「日本軍の諜報と防諜の手段」は「敵〔日本軍〕のある海軍少尉が捕虜を扱う際の観点」として、次の心得を挙げている。この少尉はおそらく捕虜で、記事はその尋問結果であろう。

a．捕虜は可能な限り個別に分けるべきだ。

b．捕虜間の会話、意思の疎通は制限すべきだ。

c．捕獲した文書、メッセージなどの情報価値を持つ物は、捕虜からの聴取と組み合わせて用いるべきだ。それらは調査に便利な手法で分析、整理されねばならない。肝心なのは捕虜を得て文書を可能な限り完全に分析することだ。

d．尋問にあたっては腕力が指針とならねばならない。敵の言葉は我々とは違うからだ。口をすべらせて詳細な分析を引き出したり、遠回しな尋問法〔特に尋問者が語彙《ごい》に乏しい場合〕を用いて成果を挙げるのは困難である。だから〔特に尋問側にとっては〕正式な聴取のほうが容易である。尋問中は勝者は優れていて敗者は劣るという空気をみなぎらせるべきだ。必要があれば質疑に筆談を用いてもよい。

e．尋問の目標が定まるまでは、捕虜に将来の不安を覚えさせ、精神的に疲弊させるのがよい。その宿舎、食べ物、飲み物、監視についてしかるべく考慮せよ。

私は、日本軍の捕虜尋問は言語の壁もあってか力に頼った強引さ、拙速さが目立ち、先にみた米軍の柔軟で手の込んだ尋問手法にはとうてい及ばないとみる（ただしこの日本軍少尉は「米兵〔捕虜〕の話し好きな性向に気付いて」いるとIB同記事は付記、注意喚起している）。

**金銭的待遇**

日本兵の士気・心理状態を考えるうえで、実は給料や留守家族への生活援助といった物質的待遇も見逃せない。

本書でたびたび引用しているIB一九四五年一月号「日本のG.I.」に出てくる米軍軍曹は、戦地の日本兵の金銭事情について「民間人に売れると思った物は何でも盗む。彼らの賃金は世界中の陸軍でおそらく一番低い。最下級の兵は日本では月に三円もらう。戦地に出ると月に約三ドル相当の金をもらう。しかし占領地では物価が二〇〇〇パーセント値上がりしているため、ほとんど何も買えはしない」と書いている。葉書一枚が三銭だから小遣い程度の額に過ぎず、これではあまり士気も振るわなかったろうと私は思う。

かくも給料が安いのに、兵士たちの留守家族はどうやって生活していたのか。米陸軍省軍事情報局が一九四三年三月に出したパンフレット『諸外国陸軍の士気向上活動（*Special*

*Series No.11 Morale-building Activities in Foreign Armies)*』は、日本軍兵士の留守宅に行われた生活援助について、次のようにかなり的確な解説をしている。

日本兵の「出征」にあたってはそれぞれ厳粛な行事を行って敬意を払い、国のみならず村の大切さ、ありがたみを深く感じさせる。留守宅に関する兵士の安心感は、隣人たちが家族の農作業を手伝うことにより高められる。婦人、在郷軍人など多様な団体もまた留守宅の面倒をみる。

これをみるに、日本兵が留守家族の生活困窮について抱いていた心配の解消は政府ではなく「村」すなわち近隣社会の手に委ねられていたといえる。万一兵士たちが敵の捕虜となり、卑怯《ひきょう》にも自分だけ生き残ったとすれば「村」は家族への農作業援助を打ち切るだろう。私は、これこそが彼らが投降を忌避した最大の理由のひとつとみるし、米軍もそれを知っていた。

そのような日本兵家族に対する物質的待遇の低さは、『諸外国陸軍の士気向上活動』がドイツ軍について「徴兵兵士の妻に夫が民間人だったときの収入の三〇~四〇パーセントを保証し、将校、下士官兵の子育てのため二一歳未満の子どもには一人月額一〇ライヒスマルク（約四ドル）、二人二〇マルク、三、四人二五マルク、四人以上三〇マルクの手当を支払っている」と解説しているのとは対照的である。

## 3 日本兵の生命観

### 葬送と宗教

日本兵の宗教観と死生観について、米軍はどのように観察していたのだろうか。

本書にたびたび登場する元捕虜の米軍軍曹は、日本軍将兵の死者に対する弔い方、宗教精神のあり方を次のように詳しく描写している（IB一九四五年一月号「日本のG.I.」）。

ある兵が戦死すると、中隊で儀式としての火葬を行う（【図8】）。戦死がいかに素晴らしいことかを思い起こさせるためなのは言うまでもない。三×八フィート〔〇・九×二・四メートル〕の大きな穴を掘り、木を詰める。その上に遺体を置いてさらに木を加え、ガソリンをかける。中隊全員が礼装で整列し、隊長が演説する。彼は遺体にあたかも生きているかのように語りかける。彼がいかに偉大だったか、兵が自ら死地に飛び込むことがいかに素晴らしいかを語り、死者を昇進させる。隊長が頭を下げ、中隊は着剣して「控え銃《つつ》」の姿勢を取る。隊長がたいまつを薪《たきぎ》に投じ、兵は火の側へ歩んで頭を下げ、穴の正面に置かれた小さなテーブル上の碗から碗へ灰を移す〔焼香のことか〕。火が燃え尽きると、燃え残った骨から灰を取り除く。小さな木箱が置かれていて大変丁重に扱われる。箱は真っ白な布で包まれ、兵がそれを最寄りの司令部まで持って行く。将軍からその部下に至るまで全員が敬礼しなくてはならない。箱は息子の遺灰《ママ》をヤスクニ神社に置けるというので狂喜することになっている両親の元へ送られる。

図8

話を残った灰に戻そう。灰は集められて埋められる。墓として美しい小山が築かれ、その上に兵の氏名、階級、認識番号、死に様を短く書き込んだ、墓石にも似た角材が据えられる。墓は美しく整えられ、小さなテーブルが正面に置かれる。食事時には食べ物が載せられる。ケーキ〔餅か〕、ビール、果物、そして煙草も加えられる。しかし夜になると米と水のみが残される。戦友たちは食べ物を腐らせてしまうほど愚かではなく、そういつまでも置いておきはしない。
兵たちは毎日の朝夕に整列して宮城《きゅうじょう》の方角を向き頭を下げ、祈りの言葉を唱えて再び頭を下げる。多くの日本人は宗教的ではないが、皆宗教性を帯びた小さな袋をベルトに結《ゆ》わえている。これは陸軍の配給品で全員が持ち運ぶことになっている。葬式を除き、陸軍が宗教的行事を催したことは一度もみたことも聞いたこともない。

戦場での丁重な葬儀の様子がわかる。異文化からの観察ゆえところどころ奇妙な解釈があり、実際の靖国神社に遺灰は置かれないし、「宗教性を帯びた小さな袋」すなわちお守り袋は軍の配給品ではない。ただ、米軍軍曹の解釈はともかく、各種行事の描写自体はおそらく事実だと思う。日本陸軍が宗教精神とはほぼ無縁の軍隊だったことが、米国人たる彼の眼には奇異に映ったのだろう。日本人はあまり意識しないことだが、日本軍ほど宗教性の薄い軍隊は世界史的にみると実は異質な存在なのかもしれない。

## 日本軍の遺体回収

日本人の心に太平洋戦争が悲惨な戦いとして刻印されている理由の一つは、補給途絶により見捨てられ飢死、病死する者が膨大だったからである。だが、IB一九四三年一〇月号

「米軍観戦者による日本軍戦法の解説」が報じる戦場の日本軍は、決して兵士を見捨てる冷酷な軍隊ではなかった。この点は日本兵たちの有する死生観とも関係があろう。

**死体の回収**　日本軍は遺体の回収に多大の困難を感じている。彼らは傷者はおろか遺体回収のためにさえ、米軍陣地の数ヤードそばまで這《は》い寄ってくる。死体は埋葬、または火葬されるため、殺害者数を見積もるのは難しい。

このように、前線日本軍は義務を果した味方兵士の遺体にはきわめて丁重で、万難を排して回収しようとしていた。這い寄ってきた兵の行動は上官の命令に従った結果とも、戦友愛の発露による美挙とも解釈できるだろう。しかし、次の米軍兵士の回想を読むと、日本兵の間に戦友愛なるものは本当に存在したのかとさえ思う。

日本兵はおそらくジャングル内の細菌による手の皮膚病にかかっている。我々もそうだ。彼らは我々ほど野戦の衛生に気を使わない。不潔である。野戦病院を占領すると驚くほど汚れている。どうすれば我慢できるのかわからない。日本兵は死者には丁重だが、急いでいるときは傷病者を置き去りにしてしまう。もし彼らにまだ銃の引き金を引く力が残っていれば、そうすることを強く求められる。（IB一九四四年九月号「米軍下士官兵、日本軍兵士を語る」、傍点、引用者）

「死ぬまで戦え」という軍の教えを自ら実行した死者には実に「丁重」だが、生きて苦しんでいる傷病者への待遇は劣悪で、撤退時には敵の捕虜にならないよう自決を強要している。もはや「戦果」よりも「戦死」それ自体が目的化しているかのようである。日本兵にとって戦友の命は軽いものだと米軍は判断した。戦後日本人の間には「日本軍の本当の強さの源泉は……友を逝かせて己一人、退却し、降伏できないというヨコの友情関係にあった」との見解がある（河原宏『日本人の「戦争」』一九九五年）が、米軍からみた日本軍像とは著しく異なる。

次に、日本軍の病者への態度、すなわち医療体制に対する米軍の評価をみていこう。

終戦後に出されたIB一九四六年三月号「日本の軍陣医学」は、日本軍の医療体制に対する総括的な評価を行っている。米軍は「軍事作戦の圧力にともなう日本軍医療の崩壊は、南西太平洋における連合軍の飛び石作戦に対する、日本軍敗退の一因となった」と述べて医療の崩壊を日本軍敗退の一大要因と指摘、「衛生への配慮が勝敗を決めるうえでとくに重大であった作戦を、重要度の順に並べる」と「ココダ道、ガダルカナル、ブーゲンビル、西ニューブリテン、アドミラルティ、ラエ―サラモア、ブナ―ゴナ、そしてニュージョージア―レンドバ」であったという。

医療が戦の勝敗を決めるとはどういうことか。例えば、「ガダルカナル作戦での勝敗の差は、日本兵がマラリア、脚気《かっけ》、腸炎で弱って敗北が明らかになるまではわずかであった。ガダルカナルには四万二〇〇〇人の日本軍がいたとされるが、その半分以上が病気や飢餓で死亡し、負傷者の八〇パーセント以上が不適切な治療、医療材料の不足、後送する意思と能力の欠如により死亡したとみられる」と説明されている。

IBが「もっとも医療的要素の影響を受けた」と指摘するココダ道作戦とは、日本軍が東部ニューギニアのゴナからココダ道を南下して要地ポートモレスビーを占領しようとした作戦で、一九四二年八月に開始され、各自が武器、弾薬、運べるだけの米を担ぎ、糧食の不足は現地調達で補うことになっていた。

作戦の開始当初三〇〇〇人だった日本軍兵力は「多くの者が山登りの間に飢餓と脚気で死んだため、この困難な行軍を完遂した者は片手に満たなかった」。IBは「部隊全体で生き残った者は五〇人に満たなかったであろう。ほとんどの者は脚気や飢餓で、若干はマラリアで死に、戦闘で倒れた者は比較的わずかであった」と栄養・医療を無視した無謀極まる作戦の帰結を簡潔にまとめている。

## ガダルカナルの医療

IB一九四六年三月号「日本の軍陣医学」によると、一九四二年八月から翌年二月まで続いたガダルカナル作戦は「間違いなく医療の要素がもっとも顕著に働いた、例外的な大作戦」であった。同記事には、

いくつかの戦闘の得点差はわずかだったし、〔日本軍による〕飛行場の再奪回もかろうじて防げたし、敵の若干の地上総攻撃は成功しかけたし、失敗はわずかな違いで成功に転じ得たし、連合軍の絶対的な海上優勢にもかかわらず米軍は飛行場を失っていたかもしれない——敵軍が健康状態を良好に保てていれば。

と彼の有名な陸軍参謀・辻政信《つじまさのぶ》（ガダルカナル島作戦を終始強気で指導、戦後の一九五〇年に回想記『ガダルカナル』を執筆）が読んだら喜びそうなことも書いてある。しかし敗退しジャングルへ追われた日本軍に「防虫剤はなく蚊帳はわずかで、アクブリン、キニーネによる有効な薬剤治療体制もなかった」し、兵が「治療を受けるため戻るのは奨励されなかった」のに対し、米軍は開豁地《かいかっち》やヤシの森、稜線上の草原に陣取ったうえ「病人はジャングルから

よく整備された野戦病院に送られ、休息と適切な治療を受け、状況が許せばすみやかに後送された」のだから、勝敗の行方はおのずと明らかであった。

日本軍のマラリア被害については、「明らかに日本軍の全員が島への上陸後四〜六週間以内にマラリアで苦しみ……非常に悪性だった結果、死亡率は例外的にすさまじいものとなり、作戦終了までに部隊全体の四分の一を超えたかもしれない」と見積もられた。

米軍のみたガダルカナル島（以下、ガ島と略）日本軍の野戦病院は地獄そのものであった（日本兵捕虜の証言か）。

日本軍はガダルカナルに円滑に機能する野戦病院を作ることができず、病人の扱いは敷物か地面上に寝かせ、ときにわずかなヤシの葉ぶきの小屋を与えるというものだった。野外診療室の衛生はひどいものだった。病人は特に夜間、壕内の便所へ行くのをいやがったため排泄物が敷物のすぐ近くに積み重ねられ、雨が降ると差し掛け屋根の壕のすぐ近くまで流れてきた。キニーネその他の薬の供給は激減し、病兵は食塩水不足のため代わりにココナツミルクを注射されたこともあった。食料は極度に不足していてヤシ、草、野生の芋、シダ、タケノコ、そしてワニやトカゲまでもが非常糧食として食べられた。

ここで米軍は何とも異様な日本兵観を披瀝《ひれき》している。「この状況で興味深いのは、戦線の向こうで苦しんでいた多くの日本兵が、米軍にマラリアを植え付け続ける人間宿主(human reservoir)となっていたことである」。彼らにとっての日本兵とは、死病の病原体を溜め込み、まき散らしてくる「宿主」に他ならなかった。

マラリア以外にも食糧不足による脚気《かっけ》、腸炎が多発して日本軍に大損害をもたらした。「前線部隊に送る食料の盗みや荷抜きが多発したため、第一線の将兵は後方の兵よりもひどく苦しめられた」という。負傷した将兵も「適切な治療施設がなく、常に包帯に雨が染みこみ、マラリア、脚気、腸炎のような悪疫が流行していたため、傷兵の死亡率は八〇パーセントを超えていたはずである。ガダルカナルから後送された傷兵の数は少なく、傷兵の大多数は死んだとみるのが妥当である」とされている。

IB「日本の軍陣医学」は、ガ島における日本軍の総戦死者数と死因を次のように見積もっている。

おそらく、ガダルカナルで死んだ日本兵のうち、三分の二は病気で死んだ。戦闘で死んだとみられる日本兵の数は一万を超えず、実数はもっと少ないはずである。ガダルカナルで我が軍と対峙した四万二〇〇〇の日本軍のうち四分の一以下が戦死・戦傷死し、四分の一以下が撤退し、残りの半分以上——二万以上——は病気と飢餓で死んだ。対照的に米軍の死者・行方不明者は一五〇〇以下であった。

実際の犠牲者数は、ガ島の日本軍総兵力三万一四〇〇名中二万八〇〇名が「戦闘損《そん》耗《もう》」、その内訳は「純戦死」五〇〇〇～六〇〇〇名、「戦病に斃《たお》れた」者一万五〇〇〇名前後、とされている。一方米軍の戦死は約一〇〇〇名であった（防衛庁防衛研究所戦史室『戦史叢書　南太平洋陸軍作戦〈2〉ガダルカナル・ブナ作戦』一九六九年）。米軍側は日本軍の総兵力こそ過大視したものの、死因の割合についてはそれなりに正確に算定していた。

このように、ガ島の戦いは、「決定的であったか否かは別としても、医療の要素が米軍のはるかに犠牲の少ない勝利に貢献した」のであった。

## 日本軍の医療観

IB「日本の軍陣医学」は日本軍の医療体制がかくも低レベルであった理由として、「その根深い欠陥、すなわち劣った個人教育、貧弱な設備、ばらばらの組織、西洋の基準に照らせば『ヒポクラテスの誓い』をとうてい満たせない患者への態度」を挙げている。

興味深いのは、それらが米軍が日本兵捕虜から医療体制の証言を引き出して分析した結果であること、この証言から我々がよく知らない当時の日本軍医療の実態や将兵の軍に対する感情がわずかなりともうかがえることである。例えば、「すべての命令は兵科将校が発して伝達され、捕虜の言によれば医務上の要請に対する考慮はほとんど何も払われない。軍医将校に影響力はほとんどなく、その意見が採り上げられるのは困難である。日本の軍事指導者は、進歩的な手法や新技術を、支出が増えるため認めない」と日本軍軍医らしき捕虜が自国軍隊の視野狭窄《きようさく》ぶりに対する憤懣《ふんまん》を並べた記述がある。

日本軍の短期決戦思想に基づく補給の軽視はよく指摘されるが、医療もまた当事者の言によれば「金がないから」という実に官僚的な理由で軽視されていたのであった。

次の記述も軍医、もしくは十分な治療を受けられないまま捕虜となった傷病兵の証言だろうか。上から一方的に〝滅私〟と称して苦痛への我慢を要求する日本軍のやり方が、結果的に兵士たちの精神力・体力—軍の戦力ダウンとなって跳ね返っていたことがわかる。

厳格なる軍人精神のおかげで、ささいな訴えは軍医の注意を引かない。さらに、もしいたとすればだが、不平を言う兵は怠け者呼ばわりされて仲間はずれにされる。ささいな病気は兵士が自分で治療することを求められ、これが性病の報告上は低い発生数、結核の高い発症率の理由となっている。前者は軍の病気とは認められず、後者は発見されたときには病状がはるかに悪化している。

ここでIBの論評は狭い軍事の枠組みを越え、東西比較文化論的な色彩を帯びてくる。「患者に対する日本軍の典型的な態度は西洋人には理解しがたいものがある。敵は明らかに個人をまったく尊重していない。患者は軍事作戦の妨げとしかみなされないし、治療を施せばやがて再起し戦えるという事実にもかかわらず、何の考慮も払われない」。患者を役立たずと切り捨てる精神的態度が「日本人」なり「東洋人」特有のものとは思えないが、個人とその生命を安易に見捨てた過去の姿勢を現代の日本社会がどこまで脱却できているかは、常に自省されるべきだろう。

## 薬剤不足と連合軍捕虜の解放

さらに日本兵捕虜は、日本軍病院への医薬品補給の内幕に関する証言も残している。

日本軍は治療材料を倹約する必要があった。捕虜の言によると、サルファ剤〔抗菌剤〕は生の裂傷には使われず、淋病の合併症や肺炎、その他の治療が効かない傷に限って用いられた。一九四三年三月以降、日本陸軍ではそれらの薬不足のため、使用は厳しく統制されることになった。捕虜は〝優良〟とみなされているバイエルの薬の量が減ったと述べている。アスピリン、モルヒネ、コカインはほとんど使えず、キニーネは不足している。しかし最大の関心事は脱脂綿、繃帯の不足である。

これらの証言が正確かどうかを日本側の史料で判定するのは困難だが、薬剤についても舶来のドイツ製品を有難く使っていたこと、海上輸送が途絶するなかで傷者の治療にもっとも必要なはずの繃帯すら品不足だったことなどは事実のように思える。これでは、ガ島以外の日本軍野戦病院でも同じかそれ以下の、地獄のような光景が広がっていたはずだ。

ところで、日本軍は戦争末期に至るまで、退却の際に味方重傷病者を捕虜とされぬよう殺害していた。IB「日本の軍陣医学」は一九四五年の「沖縄作戦で日本軍が自軍の負傷者を殺したさらなる証拠」として「大田提督〔大田実少将・沖縄海軍部隊指揮官〕の指揮所の通路には数百の死体が整然と並べられていた。遺体の多くには手当て済みの傷があった。皆同じ時間に死んだようにみえた。さらに注射で殺された形跡があった」事実を挙げ、「この種の行いは〔日本兵〕捕虜によって繰り返し報じられている」と述べている。

同記事の執筆者が気にしていたのは、こうした日本軍の自軍傷病者に対する冷酷な扱いよりもむしろ、本土決戦で味方の連合軍兵士が日本軍に捕らえられたときどう扱われるか、その撤退時に口封じのため殺されはしないかということであったろう。IB「日本の軍陣医学」は、そのことを匂わせる次の記述で締めくくられている。

〔一九四五年五月、ボルネオ島に進攻した〕タラカンの連合軍からは〔沖縄での〕この慣習に背く、有望な報告がきている。蘭印兵捕虜は日本軍司令部がフクカク〔複郭?〕地区から撤退するのに先立ち、傷者は糧食を与えられて連合軍の戦線へ行けと言われ、歩けない者は司令部地区の後方に残されたと述べている。

ボルネオの日本軍が実際に白人捕虜を解放したかはわからないが、もしかしたら敗色の濃い戦争末期の日本軍司令官の中には敗戦後の連合軍による責任追及を予測し、捕虜を殺さず釈放した者がいたのかもしれない。米軍側はこれを「有望」とみて味方全軍に周知し、士気低下を防ごうとしたのではなかったか。IBはそうした日米両軍の思惑についての示唆も断片的ながら与えてくれる。

## 医療と性病予防

日本軍医療の実態については、例の元捕虜の米軍軍曹も性の問題とあわせて証言しているので、以下に引用してみたい（IB一九四五年一月号「日本のG.I.」）。

各中隊に衛生兵がいてマラリアの発作やその他の病気の手当てをする。本当に具合が悪いと幸運にも病院へ送られることがある。マラリアが兵士たちに悪影響を及ぼす、なぜなら彼らは四〇～六〇人で一つの蚊帳の中で寝ているからだ。蚊帳にはいろいろな大きさがあるが、個人用が与えられるのは将校だけだ。キニーネは大量にあるが兵たちは服用法の指示を守らない。多くの者は捨ててしまう。かくも大人数が一つの蚊帳の中で寝るというやり方について、多くの者が私に不満を述べた。彼らはこのようなマラリアの高感染率が何を引き起こすかを理解できる程度には賢かったのだ。

日本人のきれい好きについてはいろいろ耳にしてきたが、兵営生活で風呂をどうしているのかについて自分の目でみてきた。まず、二つのガソリンのドラム缶を持ってきて上部を切り取る。そして両方のドラム缶に水を入れ、片方の下で火を焚《た》いて暖める。ドラム缶の横に木の床板を置いて足に泥が付かないようにする。湯が適当な温度になると上位の将校が呼ばれて入浴する。数分間湯に浸かり、冷水で洗い流す。兵たちが入浴するたび、湯は控えめに言ってもわずかに濁っていく。三〇〜四〇人が同じ湯で入浴する。階級が低ければ低いほど長い間待たねばならない。

当時のアメリカ人も「日本人はきれい好き」というイメージを持っていたようだが、実際は先に述べた隊の食堂と同じく、とても清潔とは言えない生活ぶりである。マラリア予防もその重要性は皆わかっていたはずなのに、実態はきわめていい加減で不満を招いた。兵がマラリア予防薬のキニーネを捨ててしまうのは、味がひどく苦いからだろう。

先にIBが日本軍は性病を「軍の病気」とは認めず、ろくに治療もしないと指摘していたことを紹介したが、確かに軍曹の目撃した日本軍部隊でもそうだった。

兵営のある街では週に一回外出が許される。食事をしたり音楽を聴く陸軍クラブがある。クラブには現地の女性がいて会話をする。しかし多くの日本兵の目的は買春であり酒である。性病に感染するとしこたま殴られ、わずかばかりの名誉も剝奪《はくだつ》される。そのため民間の医者や薬屋へ行ったり、自分で治療しようとする。多くの者が感染している。性病検査はほとんど行われない。自分が捕虜になっている間、わずかに一度きりであった。

日本軍将兵の性病感染率についての正確な数字はもはやわからないだろうが、「感染するとしこたま殴られ」るせいで実際はよけい高くなっていたことが容易に想像できる。

IBとは別の米軍史料である米陸軍省軍事情報局パンフレット『諸外国陸軍の士気向上活動』（四三年五月、前出）は、日本軍将兵の「性的要素」すなわち買春の実情について「将校の間では、芸者と一夜を共にできるかもしれない芸者パーティーがまれに行われる。徴集兵はわずかの金しか持たぬため、その土地の安い売春宿で我慢せねばならない。肉体的な欲求は満たせるが、ロマンチックな気分は損なわれてしまう」と解説している。

これは、同書がドイツ軍の性管理について、若くて魅力的、志願した女性のいる衛兵付きの慰安所を軍の直轄下に設置し、兵の買春前に医学的検査をしている、行為時の飲酒は厳禁、相手の女性には兵の勤務記録にイニシャルで署名させている（ポーランドでの事例）と報じているのとはだいぶ様子が異なる。もちろん全ドイツ軍が常にそうだったということではないだろうが。

米陸軍が同書で各国陸軍兵士の買春事情に関心を払ったのは「性病感染率は士気（morale）の明確な指標である」、つまり感染率が低ければ軍の士気は高く、その逆もまた然りとみなしていたからである。士気は軍隊組織を成立させる重要な要素であるから、これを良好に維持することもまた軍隊に求められる能力のひとつである。一国の軍隊の医療と士気の間には密接な関係があり、その良否が戦の勝敗を左右することもある。だが米軍側の各種記述をみるに、彼らが日本軍に下した評価は、どうしようもなく低いと言わざるをえない。

## 小括

日本兵たちの生と死をめぐる心性を「天皇や大義のため死を誓っていた」などと容易かつ単純に理解することはできない。米軍の観察によれば中には親米の者、待遇に不満を抱え戦争に倦んでいる者もいたからである。その多くは降伏を許されず最後まで戦ったが、捕虜となった者は米軍に「貸し借り」にこだわる心性を見抜かれて、あるいは自分がいかに役に立つかを示そうとして、己の知る軍事情報を洗いざらい喋ってしまった。

日本兵は病気になってもろくな待遇を受けられず、内心不満や病への不安を抱えていた。戦死した者のみを大切に扱うという日本軍の精神的風土が背景にあり、捕虜たちの証言はそれへの怨恨に満ちていた。これで戦に勝つのは難しいことだろう。にもかかわらず兵士たちが宗教や麻薬（！）に救いを求めることはないか、あっても少なかった。それがなぜなのかは、今後の課題とせざるをえない。

# 第三章

## 戦争前半の日本軍に対する評価
## ——ガダルカナル・ニューギニア・アッツ

## 1　開戦時・ガダルカナル島戦

### 「ハッタリは力よりも安上がり」

本章では、太平洋戦争開戦〜戦争中盤までの戦いで日本陸軍の兵士たちがとった戦法と、これに対する米軍の「評価」について、IBの記述をもとに述べたい。

IBがはじめて日本軍戦法を論じたのは一九四二年九月号「地上部隊」においてである。日本が戦争に必要な資源獲得をめざして進攻したジャワ・スマトラ、ボルネオや、米英の拠点たるフィリピン、マレーなど東南アジアの各戦場で使われた日本軍戦法のまとめと評価は次のようなものであった。

日本軍は高度に訓練され、よく組織された危険な敵とみなさねばならない。彼らは戦いで自らが恐るべき敵であることを証明した。彼らの計算された前進は成功裏に行われ、詳細な計画の立案と方針の実行に熟達していることを示した。

けれども彼らの成功は新しい戦術や超兵器によるものではない。基本的には他の近代陸軍が使っている戦術と異なるものではなく、兵器は全体的に連合軍のそれより劣っている。彼らは最初の一撃を加えたとき、多数の経験を積んだ軍隊と大量の装備を用意していたのである。彼らの方が我が軍の主力よりも戦場に近く、しかも彼らには奇襲で一撃を加えて全戦線へ〝躍進〟したという利点もあった。これらの利点に加え、日本軍は基本戦術をジャングルに合わせて改善した。彼らの作戦は偉大なる速度と欺騙《きへん》により行われた。作戦ごとに完全な偵察を行い、連絡は最下級の部隊に至るまで行き届いていた。偽装、第五列〔スパイ〕、欺騙が幅広く用いられた。日本軍は、ハッタリは力よりも安上がりだと気付いたのである。

日本軍のやり方はしょせん不意打ち、「ハッタリ」に過ぎぬとの論評は、自軍兵士たちを安心させるための宣伝意図もあっただろうが、日本軍に下された同時代的評価として無視できないだろう。また、連合軍の敗因（＝日本軍の勝因）は兵士・兵器の質ではなく量、そして地の利にあったとの指摘も否定できない。IB「地上部隊」によると、進攻する日本軍はジャングル戦で「浸透戦術（infiltration tactics）」を使った。そのプロセスを要約すると、①正面への攻撃は比較的少数の部隊で行い、軽機関銃を急速に発射することで、連合軍がもっと大きな部隊から攻撃されていると思わせようとする、爆竹で混乱させようとする→②小規模（二名から数ダース）軽装で、軽機関銃と手榴弾を持った偵察隊を連合軍の戦線の隙間から侵入させ側背部へ進める→③侵入した偵察隊は狙撃、偵察の実施、敵の電話線の切断や道路封鎖、監視哨の破壊、敵軍後方の混乱を任務とする、という精緻な突破戦法である。

中には日本軍が連合軍の側面部へ侵入後、周辺に陣地を築いた戦場もあったという。その「陣地は全周囲防御に備えて造られ、偽装を施し、多くのタコ壺が連絡壕で結ばれており、「日本軍に一度穴を掘られると打ち勝つのは難しい」」と後年の硫黄島、沖縄における米軍の苦戦を早くも予見したような警告もなされている。

とはいうものの、結局のところ「日本軍の浸透戦術に新しい点は何もない。彼らが用いた原則は我が軍の野戦教範『FM31-20 ジャングル戦（*Jungle Warfare*）』の定めるものと結局同じである。FM31-20の定める浸透戦術への防御法は、適切に実行されれば日本軍と戦うさいの最善の基礎である」、つまり十分対抗可能というのがIB「地上部隊」の結論であった。

その米陸軍教範『FM31-20 ジャングル戦』ではジャングル戦での防御法について、①見晴らしの利く高地に防御陣地を構築し、後方補給路を確保する、②防御陣地を緊密に組み合わせた防御地帯を構築する、③木の下枝を剪定《せんてい》して射撃を妨げる木々を切り、広い射界を整備する、④鹿砦《ろくさい》（abaits）や鉄条網などの障害物を活用する、⑤防護・攪乱用分遣隊を陣地への接近路に配置して侵入してくる敵前衛を捕獲・撃破、その補給路を切断する、などといった「基礎」的対策が奨励されていた。

以下本書でみる通り、これらの点は日米両軍ともにジャングル戦闘上の基本となった。

## 日本の夜間攻撃

日本陸軍はすでに緒戦の攻勢時から、戦況悪化後と同じく夜間攻撃戦法を常用していた。闇のなか敵陣に忍び寄り、一気に突入するのである。

IB一九四二年一一月号「夜間作戦」は、この戦法について「日本軍の指導者たちは夜間作戦を自らのお家芸だと考えている。日露戦争、満州〝事変〟、支那〝事変〟、そして今次戦争のマレー、ボルネオ、フィリピンで非常な成功を収めてきた。彼らは多年にわたってさまざまな夜間戦術を幅広く開発し」たと指摘する。

米軍側は日本軍夜襲の特徴について、目標を限定しあまり深くまで攻撃しない、ひとたび目標を達成するとわずかに後退して翌日の休息のため隊伍《たいご》を整える（偵察、侵入行動は除く）とみていた。また、日本軍は夜間作戦について、混乱し指揮を欠く結果に終わるという欠陥を認めているが、それらは移動の迅速さ、行動の秘匿《ひとく》、それゆえ奇襲効果が高いなどの利点により相殺できると考えている、と観察していた。

IB一九四二年一〇月号「地上部隊」はフィリピンの日本軍歩兵について「攻撃をおおむね夕暮れ直後、もしくは夜間に開始した。ほぼすべての攻撃が、個人の狙撃兵から大部隊にまで至る、側方への移動をともなった。これらの集団は独自に行動し、自分が右にいるか左にいるかなどは気にしなかった。彼らは側面へと山道を越えて忍び寄り、鳥の鳴き真似をしてお互いの居場所や集合場所を知らせ合った」と報じている。この隠密戦法が成功したのは「主に日本軍が大兵力と完全な航空優勢を有していたため」であった(日本軍が正面にも相応の兵力を投じ、米軍はこれらの布陣を上空から偵察できなかったということか)。

ところでIB「地上部隊」が「日本軍は中国では〝まっとうなフットボール〟をしており、マレーやフィリピンのような小細工は弄《ろう》しない。いつもすべてを第一線につぎ込んで戦闘を始め、予備兵力はほとんど持たない」と述べているのは興味深い。それは、日本軍が装備に劣る中国軍相手には正面から突撃したのに対し、米英軍相手だとその大火力を恐れて「小細工」——夜襲や奇襲などの「ハッタリ」に頼るという「合理的」な判断を示した証拠と思われるからである。

ちなみに同記事は「中国の日本軍は煙幕を自由に使い、小規模な毒ガス攻撃も行う」とも指摘している。これは事実であるいっぽう、米軍相手には報復を恐れ敗戦までほぼ使用しなかった（吉見義明『毒ガス戦と日本軍』二〇〇四年）ことを付記しておく。

## ガダルカナルの日本軍戦法

日本軍は米軍の反攻を阻止するため、その基地となるであろうオーストラリアとアメリカとの間の島々に飛行場を建設して制空権を確保、両者を分断するという作戦をたてた。ソロモン諸島ガダルカナル島はそのために占領された島の一つである。対する米国は一九四二年八月、同島に海兵師団を上陸させて島の奪取を試みた。以後日米両軍とも多数の増援を送り込み、翌年二月に日本軍が敗退するまで激しい戦いが繰り広げられた。その結果、米陸軍が日本陸軍に下した評価はおおむね次のようなものであった。

日本軍の戦法は柔術（ju-jitsu）に喩《たと》えられる。奇襲と欺騙《きへん》に重きを置き、予想を裏切る場所と時間の攻撃に向けて努力する……彼らは可能な限り兵力と火力による打撃戦を避けようとする。彼らは数ではなく奇襲と機動の原則に重きを置く。この戦術により、日本軍は今次戦争の諸作戦を通じ、目的達成のため小部隊を奇襲的に用いることに成功してきた。

……日本兵個人は普通の東洋人と同じように戦争を嫌い、死を恐れる。銃剣を持った断固たる敵に遭遇すると、日本兵は教えられたほどにはうまく立ち回れない。部隊は機動や戦闘で圧倒されると崩壊する。

これはIB一九四三年三月号「米軍将兵のみた日本軍戦法」が報じたもので、「米軍将校、下士官兵が過去数か月間、南西太平洋で日本軍と交戦し、その戦法について考えたことを個人聴取」したものであるという。同記事はまず日本軍指揮官の指揮ぶりについて、以下の特徴を指摘する。「常時の訓練のおかげで、日本軍の上陸作戦では、上陸直後即座に実行されるべき諸任務、一連の目標、部隊の正面と境界、防諜、連絡その他に関する指示の細部をかなりの程度まで省くことが可能となっている」「指揮下部隊に対し、状況に応じて独断専行を許すことも日本軍の原則であり続けている」。

つまり、日本陸軍は上がいちいち細かい指示を出すことなく、かなりの部分を下級部隊の「独断」に委任しているとみていたのである。

確かにこの委任には「協力関係の喪失、指揮系統の崩壊、指揮官が犠牲となったり指揮を実行できなくなるといった重大な弱点」や「指揮下の部隊の独立行動は小出しの攻撃となりがちであり、部隊全体の投入もその部隊にとっての有利とはならない」という欠点がある。しかしその一方で「上層部の指揮が失われても作戦全体の崩壊を防ぐ」という利点もある。

私はこの利点を思えば日本軍のやり方を一概には否定できないとみるし、当時の米軍もそう考えたのではないだろうか。

同記事はガ島などでの実戦経験を通じ、「日本軍にとっての戦術的問題の完璧な解決策は、計略を巧みに実行し、銃剣をもって包囲、もしくは側面を攻撃することだという印象を持つ」と述べている。日本側はとにかく敵を包囲して側面、いわば弱い脇腹を衝くことこそ、勝利への近道と考えているというのである。

実際、日本陸軍はこの包囲戦法を中国大陸などで好んで実行していた。陸軍が一九三八年に制定した教令『作戦要務令』は「攻撃の主眼は敵を包囲して之《これ》を戦場に殲滅《せんめつ》するに在り」（第二部第二編「攻撃」通則第五二）、「状況之を許す限り、断乎《だんこ》放胆なる包囲を実行するに躊躇《ちゅうちょ》すべからず」（同五四）と、包囲殲滅こそが「攻撃の主眼」と言い切っている。これは先の第一次世界大戦において乏しい国力の関係上、長期戦を忌避し短期決戦を目指したドイツ兵学にならったものである（前原透『日本陸軍用兵思想史』一九九四年）。

長期戦に耐えられない国力の低さが、日本陸軍上層部に包囲戦法を志向させたのであった。ガ島で隙あらば米軍の側面に回り込もうとした日本軍部隊は「包囲は側面に用ふる兵力大なると果敢なる正面攻撃に依《よ》り敵を拘束し、他を顧みる遑《いとま》なからしむるとに従ひ、其の成果益々大なるものとす」(同五四)と喝破する『作戦要務令』の教えと過去の戦例に忠実に従ったのである。

## 評価の下落

ガ島戦の結果、勝った米軍将兵の士気は昂揚し、同時に日本軍への評価は下落した。IB一九四三年三月号「米軍将兵のみた日本軍戦法」は、同島で対戦した日本軍の士気について次のような酷評を下した。

日本軍の士気(ガダルカナル)は部隊によって非常に異なっていたが、全体として撤退前には低下し、補給も不足していた……ガダルカナル戦の初期段階、敵は味方の増援が上陸すれば我が軍は降伏すると信じていた。その後ひどく打ち負かされ、敗北、損失、疫病、補給不足、部隊再編に失敗した結果、彼らは「転進《てんしん》(relapse)」したのである。

……日本軍は決然として頑強で、特に我が方に少しでも崩壊の兆しがみえると不屈となった。断固たる攻撃を受けて損害を被ると、挑戦こそ続けたものの、ほとんど気力を失った。

我が海兵隊は日本軍と互角にぶつかった場合、特に頑強な相手とはみていなかった。追い詰められ、苦境に立つといつもパニックに陥り、同様の状況に陥った他国の兵士と同じように恐怖を示した。

本書第一章でも述べたことだが、日本陸軍もしょせんは他国の軍隊と同じであり、劣勢に立たされれば死を怖れ、その士気は崩壊するという見立てである。

なお、ガ島の日本軍砲兵についてIB「米軍将兵のみた日本軍戦法」は「ガダルカナルの日本軍は自ら思うほどには火砲をうまく使えなかった。彼らは砲列を敷いての集中支援射撃よりも、単一の砲を使うという原則に従っていたようにみえた」と述べている。日本陸軍の砲兵戦術は劣悪、そもそも集中射撃の発想自体が存在しないと感じていたようだ。

もちろん、これには日本側の持つ火砲数が絶対的に少ないという事情もあろう。戦後、元陸軍大佐の中原茂敏《なかはらしげとし》は日米両軍師団の編成と装備を比較して「兵員は、一・三倍に対し、小銃三倍、機関銃二倍、火砲五倍、戦車六倍」とし（火砲のうち「特に七・五センチ以上の重火砲は七倍」）であり、一九四五年沖縄戦における日米陸軍の火力装備の差を火砲数・弾丸威力を勘案し「一対二〇」とみている（中原『大東亜補給戦　わが戦力と国力の実態』一九八一年）。この格差をどう埋めるか、日本陸軍は対米戦を通じて苦悩し続けることになる。

## 米軍の上陸戦法とジャングル戦

ソロモン諸島での日米戦はその後もブーゲンビルなどの島々やニューギニア（四二年一一月、連合軍ブナ攻略開始）に舞台を移して継続された。日本軍が守る島々にフィリピン奪回をめざす米軍が海上から上陸して攻撃、占領するのだが、IB一九四二年一二月号「ソロモン諸島の戦い」は日本軍が対抗して築いた防御陣地とその用法を次のように素描している。

日本軍は、我が軍が多数の島々へ上陸するのに対抗して、掩体壕《えんたいごう》その他準備しておいた防御陣地内からお決まりの狙撃兵の支援を受けつつ小銃や機関銃を撃ってくる。我が準備砲爆撃はこれらの掩体壕、待避壕、塹壕《ざんごう》が極めて巧妙に偽装されているせいでほとんど効果がない。この砲爆撃は我が上陸の第一、第二波が島へ上陸するまで敵を掩体内に釘付けにしている。戦闘には掩体壕への攻撃や狙撃兵のいる木の破壊が含まれる。即製の火焔放射器やダイナマイトを掩体壕の入り口に用いるのがもっとも効果的である。

戦争末期の硫黄島や沖縄戦で日米両軍がとった戦法、すなわち①米軍が上陸前に艦砲射撃・空爆を行い、日本軍守備隊戦力の減殺《げんさい》をはかる→②日本軍は壕に立て籠もってやり過ごす→③その壕を上陸した米軍歩兵が火炎放射器で一つ一つ潰していく、という凄惨な戦いが規模の差こそあれ戦争初期のソロモン・ニューギニア戦線ですでに行われていたこと、言い換えれば日米の戦場は最初から火焔地獄の様相を呈していたことがわかる。

こうした米軍のやり方に対し、日本軍は夜間の接近戦で反撃を試みた。IB一九四三年一月号「最近の南西太平洋の戦いについて」は米兵たちにその対抗策として、

・すべての〔米軍〕衛兵、前哨は二人組で立たねばならない。一人が誰何《すいか》していると き、もう一人はその脇を護り危険に備えるのだ。
・夜間の誰何はうまくやらねばならない。誰何者は木や建物の陰に隠れて姿をみせてはならないし、誰何された者が間違いなく味方だとわかるまでは、ナイフの届く距離まで近寄らせてはならない。合い言葉は積極的に用いる必要がない限り、使ってはならない。もし使う場合は、ささやき声にすること。
・指揮官は合い言葉で呼ぶべきである。将校、下士官の階級や個人名を言ってしまうと手榴弾の雨が降ってくる。

といった心得を列挙している。これは、日本軍が夜間、米軍の哨戒線に忍び寄って指揮官を集中攻撃するという戦法を執拗に繰り返したことをうかがわせる。

確かにこの戦法は米軍にとって脅威となったのだろう。しかし同記事は続けて「各部隊は日本軍の戦術をよく学ばねばならないが、同時に米軍将兵はそのようなずる賢い日本軍と戦い、勝っているという事実を忘れてはならない」と自軍将兵に訴えている。確かに、日本軍がどれほど夜襲を繰り返そうとも、それだけでは戦勢は覆せなかったのである。

そのような日米両軍のジャングル夜戦がごくごく近距離で繰り広げられていたことをうかがわせる挿話がIB「最近の南西太平洋の戦いについて」にある。「ソロモンのある海兵大隊の将兵たちは、日本兵は夜の間、その獣のような臭いで識別できるとしている。ある海兵は嗅覚《きゅうかく》を生かし、並んで道を歩いている日本兵を探知した。その日本兵は殺された」のだという。米兵たちはもし日本兵が潜んでいれば臭いでわかったというのだ。

この記事は「日本兵もまた我々を臭いで探知できるといっているのは興味深い。ある日本の科学者が白人の刺激的な、油の腐ったような、甘ったるい、彼らの人種にとっては不快な臭いについて書いている」とも述べている。本当に日本兵・米兵が臭いで探知できるものなのか、あるいは「人種偏見」を煽《あお》るプロパガンダに過ぎないのかはわからない。ただ、当事者たちにとってのジャングル戦が、少なくとも主観的には「獣のような」殺し合いそのものであった様子は伝わってくる。

## 2　ニューギニア戦

### 米軍将兵の観察した日本軍戦法

一九四二年、日米両軍の主戦場は日本軍が防御に回りつつニューギニアへと移った。防御とはいうものの、日本軍のそれはIB一九四三年一〇月号「米軍観戦者による日本軍戦法の解説」が「ニューギニアの日本軍は防御におけるよき兵士であることを示した。彼らの陣地は防者が攻者を殺害できるよう、防御を二の次として設計されていた。兵器は巧妙に設置されていた。機関銃は小銃兵と狙撃兵に護られ、我が前衛部に縦射を浴びせられるよう、真正面へ大胆に置かれていた」と述べたように、陣地に立て籠もった将兵が自己の生命を捨てて米兵殺害に邁進《まいしん》するものだった。この結果、米軍は四四年秋までニューギニアに足止めされることとなった。

その意味で、田中宏巳《たなかひろみ》が指摘するとおり、ニューギニア戦線将兵の苦闘はもっと注目されて然《しか》るべきである（田中『マッカーサーと戦った日本軍　ニューギニア戦の記録』二〇〇九年）。

とはいえ、時に日本軍も攻撃に出ることがあった。IB一九四三年五月号「米軍観戦者のみた日本軍戦法」には現地日本軍がとった攻撃パターンの要約がある。

ニューギニアの日本軍はジャングル内の道路や小道で〔連合軍と〕遭遇すると特定の型にはまった戦術をとってきた。〔日本軍〕指揮官はまず特に選抜された装備十分の、我々の前衛に相当する部隊を急進させる。

前方の部隊が敵〔＝米軍〕と接触すると彼らは道の両側に陣取り、機関銃や迫撃砲で敵を足止めしようと努める。

次に、前方の部隊はさまざまな策略や示威行動によって敵を退却させようとしたり、敵の兵力や範囲、位置を、あわてた動作や射撃を強いて暴露させようとする。我が方が退却しない場合、前方部隊後部の兵力が我が前線を通過して側面の一方、または両方へ可能な限り迅速に侵入しようとする。

侵入は兵が列を作り、横歩きすることで実行される。この横歩きは急ぎ足で、歩いているあいだ上体は像のように動かず、眼は目標を凝視している。射撃は目標を視認するまで行わない。

この時、日本軍の前方部隊は我が軍が目標出現まで射撃を控えていると安易に姿をさらす。あえて日本軍前進部隊の通過を許し、より大兵力の後続部隊を小銃や機関銃で一掃する機会は非常に多い。

最初の交戦〔ニューギニア〕で日本軍は遮蔽部《しゃへい》の後ろに機関銃を据え、道路に沿って撃ってきた。この機関銃は小銃でよく防護されているので撃退は困難である。この集団の第一の使命は前方部隊の防御、前進の支援であるが、牽制《けんせい》、陽動攻撃で敵の兵力や位置を定期的に探りもする。

彼らは陽動としてほんの一瞬だけ前進することで我が方の射撃を誘い、位置や兵力を探ろうとする。我が方がこの一瞬の目標を射撃すると、反撃のために置かれていた集団から激しく撃ち返される。

要は各種の陽動行為で〝風味付け〟した包囲戦法である。しかしこれには「日本軍の作戦は決められた手順を守ろうとするばかりで、状況の変化に応じて再調整する能力がないことを示している。失敗して多大の損害を被っても、何か新しいことをしようとはせず何度も同じ作戦を繰り返してくる」、つまりワンパターンとの厳しい評価が下された。しかも引用文中にあるように連合軍から逆手にとられ「一掃」されることもあったようだ。

## なぜ包囲なのか

なぜ日本軍はかくも包囲戦術に固執、これを繰り返したのか。思いつくのは「作戦要務令にそう書いてあるから」、あるいは教条主義、硬直性といったネガティブな言葉だが、それだけでもないと思う。なぜなら田《た》部《なべ》聖《さとし》（陸軍少将）『作戦要務令原則問題ノ答解要領　第一部』（訂正初版一九四一年・初刊三九年）という、陸軍大学校などの受験者用に作られた問題集に「支那事変に於《お》て体得せる戦術原則上の教訓の一、二を論述すべし」という設問があり、その解答の一つが「支那事変に於て数日間の正面攻撃により将《まさ》に膠着《こうちゃく》せんとする戦況を包囲により忽《たちまち》にして決を与えたること」だったからである。

「輓近《ばんきん》築城術の発達と火器の進歩とにより、正面戦闘の靭強《じんきょう》性は著しく増大せり」という同書の指摘通り、ガダルカナルの戦いを待つまでもなく、日中戦争の時点で正面からの敵陣突破は著しく困難となっていた。機関銃で猛射されて頓挫するからである。しかし日本軍は「敵の意表に出づると、戦場に於て側背に対する感受性鋭敏なる精神的弱点を利用」する戦術、つまり中国軍の隙を側面・背後から衝き、動揺させる包囲戦術で迅速な陣地突破に成功、勝利を獲得したのであった。

これを踏まえてなぜ日本軍は包囲を繰り返したのか、という先の問いに答えるなら、

「試験に出るから」とは言い過ぎだけれども、「日中戦争でその有効性が実証されていたから」ということは可能だろう。包囲の常用は過去の実戦で得た「教訓」に裏付けられていた行動であり、よって非合理などという言葉で片づけることはできない。後からみて愚かしげにみえる行為であっても、その当事者には当事者なりの論理や立場があるのだ。

IB一九四三年六月号「ミルン湾の日本軍戦術」によると、日本軍は夜間攻撃でもこの包囲に類似した戦法を使用していた。

ミルン湾作戦(＊)時の日本軍は、「ほぼすべてを夜間作戦に頼り、非常によく訓練されているようにみえ」た。攻撃開始時には連合軍の射撃を誘発、あるいは士気を低下させるため迫撃砲、手榴弾、爆竹、叫び声、笛で大きな騒音を立てた。さらに「夜間攻撃は極めて狭い正面から行われるが、迫撃砲を〔敵の〕正面と側面に多用することで大部隊が広い正面から前進しているかのような」、あるいは「〔自部〕隊の後方をより広く散開してみせ、側面を包囲するかのような印象を与え」たという。暗闇と音を利用し包囲されているという恐怖心を敵に植えつけようとする戦法である。

では、かくも日本軍が技巧をこらした夜襲は成功したのだろうか。

(＊)一九四二年八〜九月、東部ニューギニア・ミルン湾ラビの連合軍飛行場占領のために日本海軍陸戦隊が上陸したものの、撃退された戦い。陸戦隊は海軍の陸上部隊だが、装備や戦術の大半は陸軍と共通。

## 夜襲失敗

ミルン湾の夜襲戦法は残念ながら失敗に終わった。IB一九四三年三月号「米軍将兵のみた日本軍戦法」によると、この戦いは次のように、米軍将兵にかえって自信を付けさせただけの結果に終わった。

我が部隊が活発に戦った最近のミルン湾作戦を経て、私は以下の結論に達した。
（a）過去九か月にわたる日本軍の華々しい地上征服のせいで、我が将兵が自己の能力に関して抱いていた恐怖や疑念はすべて消え、忘れ去られた。日本軍は特に開けた地では「ジャングル計略」に頼ることができず、米軍、豪軍将兵のいずれにとっても敵ではなかった。
（b）実際の戦闘を通じ、我が将兵は自軍の武器が日本軍のそれに比べて非常に優れていることをみてとることができた。このことはもちろん絶大な自信を与え、敵に対する確かな優位を感じさせた。
（c）五〇口径機関銃〔ブローニングM2一二・七ミリ重機関銃〕は日本軍の攻撃を阻止す

るための卓越した兵器である。敵はその威力に接すると非常に怯え、何の手も打てなかった。

（d）日本軍に対する昼夜を問わない連続銃爆撃は、たとえ損害を与えなかったとしても正しいやり方である。損害とは別に、我が航空機の存在は明らかに、かなりの程度まで敵の士気を低下、混乱させている。

攻め手の日本軍のほうが逆に、米軍の優秀な武器や空爆の前に恐怖心を植えつけられ、敗退したというのである。別の米軍観戦者も日本軍相手の戦況を報じた別の記事のなかで、日本兵の能力を見切り自信を持ったと述べている（IB一九四三年五月号「米軍観戦者のみた日本軍戦法」）。

私の考えでは、日本兵は訓練も装備も十分な、よく規律化された兵士である。身体に恵まれて忍耐強く、義務に対する献身を示す。日本軍は小火器しか持たないが迫撃砲や火砲の扱いに長けている。大量の手榴弾を使う。

日本軍兵士は敵の心中に恐怖を生み出し、そのことで優位に立とうとする。深夜、夜明けと同時の攻撃を好むが、夜間戦闘の技術習得が不足している。

兵士たちは偽装に熟達しており、さまざまな偽装材料の扱いをよく教育されている。近接戦闘が多いが銃剣の扱いや格闘戦には熟達していない。彼は超人性など有してはいない。

日本軍兵士最大の弱点は、予期せざる事態にうまく対処できないことだ。彼は戦闘機械の優秀な歯車であり、決められた計画を細部まで実行することはできるが、急速に変化する状況に対処する才覚も準備もない。どんな訓練もこの日本兵の欠陥を修正することはできない。この生来の弱点は、自由な思考や個人の自発性を厳しく退け、管理されてきた人生と、少なくとも部分的には関係がある。この弱点は攻撃でも防御でもはっきり表れている。攻撃時、日本兵は気味の悪い金切り声や「海兵隊、殺すぞ!」などといった威嚇の叫び声をあげる。その目的は敵〔連合軍〕の士気をくじき、自らのそれを高めることにある。期待しているのは後方への潰走《かいそう》である。しかし敵がどんなに犠牲が出ようともしっかりと踏みとどまれば、日本軍自体の士気が下がって混乱し、逆襲に対して非常に脆《もろ》くなる。もし〔日本軍が〕最初の攻撃を撃退されて再挑戦するとなっても、当初の戦術を繰り返す。

日本兵たちの「包囲しているぞ」という「ハッタリ」に屈せず断固として踏みとどまれ

ば、彼らはどうしてよいのか判断がつかなくなり退却するというのがこの米軍観察者の見立てであった。日本兵に「超人性」などない、と念が押されているのは、ガダルカナル戦後もなお米兵間に日本兵恐怖症が残っていたことの反映だろう。

## 中国軍とは違う

IB一九四三年五月号「米軍観戦者のみた日本軍戦法」はかくして撃退された日本軍将兵の胸中を次のように想像、分析してみせる。

日本軍にとって戦闘機械——重機関銃から戦車まで——は二次的な存在である。我々アメリカ人は、歩兵は占領と保持の任務を実際に達成せねばならぬと認識してはいるが、あらゆる武器を使って無意味な犠牲を防ごうとする。対照的に、日本軍は機械による攻撃活動を歩兵のそれに代わるものとはみなさず、部隊の攻撃力を機械で強化しようとはしない。日本陸軍は機械に支えられた人間の軍隊であり、我々は戦闘機械を用いる軍隊である。このことが両者の明確な違いであり、たぶん十分に理解されていないことだろうが、軍事に関する日本のあらゆる言説がこれを実証している。敗北を知らぬ日本兵は自らの身を顧みず突進してくることだろう。しかし一度踵《きびす》を返して敗走するや自信を失い、言葉にするなら「よしてくれ、何もかも終わりだ」とでも言うべき、ぞっとするような感情に駆り立てられながら戻ってくる。

彼〔日本兵〕は自分には理解できないものと対峙していることに気付く。それを例えるならば、我々の火砲の用法（中国軍はそんなものを彼に使わなかったから、どうしていいのかわからない）、我々が座して十分狙いを付けた小銃や機関銃で彼を阻止するのを好み、銃剣では戦おうとしないという事実、もし銃剣で向かってきたら戦わず逃げるという事実、そして何よりも技量、勇気、白兵のみが勝敗を決するという彼の根本的な信念が誤っているという事実である。

確かに南方の日本軍は従来の経験（中国戦線）とは根本的に違う戦い方、つまり「機械力」「火力」で叩きのめされて士気は著しく低下した。日米では「戦争」に対する理解、思考法が根本的に違っており、アメリカの「火力」が日本の「信念」を破摧《はさい》し尽くしたのであった。

事実、ニューブリテン島で連合軍と交戦した日本陸軍第一七師団も大本営に「対支戦闘に於て戦果を挙げたる部隊も米軍の弾丸鉄壁に対しては攻撃意の如く進捗《しんちょく》せざることあり、然れども敵の物的戦力に臆することなく創意を重ね、弾力ある攻撃力を堅持せざるべからず」と報告していた（大本営陸軍部「戦訓特報第二五号 西部『ニューブリテン』に於ける月兵団の作戦」一九四四年六月一〇日）。実際のところ、彼らは中国軍とは次元の違う米軍の「物的戦力に臆」してしまったのである。

## 火力を強化する日本軍

かくして日本軍も「敵の物的戦力」に対抗するため、「ハッタリ」ではなく「戦闘機械」すなわち火力の強化を考えざるを得なくなった。

IB一九四三年六月号「日本軍についての解説――その文書から」によると、このころ戦場で捕獲した日本軍の文書には「我が軍（日本軍）はしばしば米軍陣地正面で有効な砲撃を受けている。砲撃で隊列を破砕され、結局突撃を断念する事例がある」ことから「砲兵――砲兵の支援は敵（米軍）攻撃の成功に不可欠である」「火力支援――組織的な火力支援を欠き、陣地攻略に失敗する事例が多発している。夜襲でさえも、徹底した火力支援を必要とするので、我が方は火力支援隊を用いるべきである」と、対米攻撃戦法を火力重視の方向へと修正する旨の文言があったという。

この「火力支援隊」とは「大隊砲、連隊砲、速射砲、迫撃砲、機関銃、言い換えれば歩兵重火器から」なっていた。日本軍は「これらの適切な使用を無視し、策略と『刀剣』に依存する傾向があった」という従来の姿勢を改めざるを得なくなったのであり、最後まで「刀剣」に固執し続けたという戦後のイメージと戦争中の実像とはいささか異なる。

しかし、防御に回った日本軍には（自分たちが米軍にしたように）側面を衝《つ》かれると脆いという弱点があることに米軍は気づいていた。以下はニューブリテン島で戦った米海兵隊大尉の証言（IB一九四四年一二月号「経験から学ぶ」）。

私の経験の大部分は防御する日本軍についてのものだ。ただしこの表現には反撃も含まれる。防御では、日本軍はよき戦士である。だがそれは明白な弱点の裏返しでもある。

その弱点の一つが、側面を衝かれれば対処不能ということである。これはおそらく自らが側面攻撃を絶対視しているためだ。側面を衝かれると、敵が強いかわからなくてもとにかく逃げ去ってしまう。もし逃げないとすれば、あらかじめ準備していた防御をとるかわりに銃剣突撃をかけてくる。初期のガダルカナル戦で、この突撃は海兵隊の自動火器の前に虐殺と化した。私の観たところ、日本軍は十分な予備隊も、好位置からの迫撃砲、火砲の集中砲火も持っていない。しばしばもっとも好むところの〝バンザイ〟突撃を始める位置へ就こうとする。たとえそれが六人対六〇人であっても。

日本陸軍の『作戦要務令 第二部』は「敵の側面、時として背面を攻撃」する場合には「極力我が企図を秘匿《ひとく》し神速に行動し兵力の如何《いかん》に拘《かかわ》らず果敢に敵を急襲」（第五六）するよう奨励していた。確かに戦理上、敵の苦痛とするところは自分にもそのまま当てはまるのだ。

さらにこの海兵隊大尉は「日本軍は戦闘中に一団となりやすく、かつ部分的に遮蔽された地域ではたくさん喋るので、瞬発信管付き八一ミリ迫撃砲のよい標的となった」とも語っている。日本兵は個人の判断で戦うのが苦手、集団志向になりがちと米軍側に見透かされていたことは本書第一章（三一頁）でもふれたが、そこを衝かれて一網打尽にされてしまったというのである。

## 3　日本軍の防御戦法

### 防御は「不名誉」

一九四三〜四四年ごろ、ニューギニアなどの日本陸軍がとった防御戦法を米軍はどのように観察、評価していたのかについて、さらに詳しく述べたい。IB一九四四年二月号「日本軍のジャングル防御に関する解説　第I部　はじめに」における一連の記述は、米軍が日本軍戦法に下した評価のほどがよくわかるものとなっている。

日本軍の伝統によれば、防御戦は「不名誉」であり、反撃に出るまで敵軍を足止めするための手段に過ぎない。日本軍にとって防御は静態的なものではない。高度な機動反撃がその防御作戦に組み込まれており、敵の前進を阻止して退却を強いるよう計画されている。

にもかかわらず、日本軍は防御陣地と戦術――その多くは我々のそれに似ている――をいつも念入りに整えている。現在、彼らが遠い外地に築いている陣地は一般的にヤシの丸太、硬い珊瑚岩、砂嚢《さのう》、砂を詰めた石油・ガソリン缶など、その土地の資材で即製されている。しかし〔日本本土からの〕補給線が短くなるにつれ、コンクリートや鉄筋の入手は容易になるから、陣地はより強固で恒久的なものになるかもしれない。中部太平洋やビルマで確認された陣地では、コンクリートや鉄筋の使用は限られていた。

そのように簡素な造りの防御陣地の中で日本兵はいかに戦ったのか。同IB記事は次のように描く。

一般的に、日本軍の陣地は全周囲防御をとる。彼らは偽装と遮蔽を有効に使い、我が軍が数フィートの距離に近づくまで射撃を控える。陣地からの退却用通路はほとんど、もしくはまったくない。明らかに守兵を最後まで戦わせる意図に基づくもので、実際その通りとなる。日本兵は「一人十殺（Get 10 of the enemy before any of them gets you)」を命じられている。

日本兵は防御において勇敢な戦士であり、攻勢においても積極的だが、決して「超人」ではない。連合軍の重圧にさらされれば、他国の兵士と同じく人間的な反応を示す。例えば、我が砲爆撃が多くの日本兵を神経症に追い込んでいるとの報告がある。

日本軍の防御が防御陣地に立て籠もった将兵の退路を断ち、〝決死〟を強制していたからこそ威力を発揮していたことがわかる。彼らは本書第一・第二章でみてきたように、一人一人は「超人」などではない普通の人間だったのだが。

この「死守」の強制は事実だったのだろうか。同時期の日本軍側の資料は「我が陣地及守兵、火器等を徹底的に制圧倒壊したる後歩兵前進し、自動小銃の腰だめ射撃、手榴弾を併用しつつ突進する」米軍の「慣用戦法」への対抗策として、「最後の一兵に至る迄《まで》銃剣に信頼して陣地を死守する」ことを挙げていた（大本営陸軍部「戦訓特報第一六号『ソロモン』諸島方面戦闘に基く教訓」一九四四年二月五日）。このことからみて、おそらく事実であっただろう。

そのような日本軍陣地を突破せねばならない米軍側は従前の経験を分析し、日本兵も結局は普通の人間に過ぎない、だから火力で追い詰めて恐怖を感じさせれば最終的に勝てる、と踏んだのであった。

## 防御陣地からの十字砲火

日本軍防御陣地【図9】、ビルマの事例）の構造と運用をさらに詳しく述べたのが、IB一九四四年二月号「日本軍のジャングル防御に関する解説　第Ⅱ部　戦術」である（ただし「以下に述べる情報のいくつかは〔一九四一年〕一二月七日以前の日本軍の情報源による」との但し書きがある）。日本軍はいかなる戦法で進攻してくる米軍の阻止を試みたのだろうか。

原則として、日本軍は敵が近接するまで射撃を控え陣地を秘匿する。彼らは近距離で突如発砲することが敵に最大の犠牲と混乱を強い、ゆえに反撃を可能にすると確信している。

日本軍は機関銃に良好な射界を持たせた全周囲防御を施している。密度の低いジャングルでは、機関銃用に射道（fire lanes）を刈り込んでいる。射道は高さ二フィート〔六一センチ〕ほどに刈られ、トンネル効果を発揮する。射道は互いに交差している。

〔ソロモン諸島〕ニュージョージア島など一部地域の日本軍は射界を準備していなかった。彼らは敵歩兵の迫撃砲、砲撃を避けるため、

図９

我が軍をぎりぎりまで引きつけた。

日本軍の防御計画において機関銃は大きな位置を占める。軽機関銃はほぼ必ず〔連合軍進攻方向の〕正面地域に存在するし、側面にも適切に集中されている。機関銃は原則として最後の一分まで撃ち続け、迅速に後退する。重機関銃も総合射撃計画のなかで用いられる。小隊の守備区域に分遣されて側面に配置され、〔敵の〕主接近線をカバーする。

機関銃による十字砲火は日本軍防御戦法の特徴である。機関銃は事前に打ち合わせられた区域をカバーし、正面接近路のどこにでも激しい十字砲火を浴びせることができる。トーチカ内に配置されるときは、銃口が銃眼から少し離れるように置かれるので、攻撃側からは発砲時の光や煙が見えない……日本軍は可能な限り敵の接近路を縦射し、敵がどうしても通過する必要のある狭い地点に機関銃火を集中しようとする。

このように、連合軍に陣地の在処《ありか》を知られないようぎりぎりまで引きつけてから「突如」機関銃（本書五五頁写真参照）の十字砲火を浴びせるのが日本軍常用の防御戦法であった。

別のIB記事、すなわち一九四三年八月号「防御術」も、日本軍の防御は「丘陵地帯でド

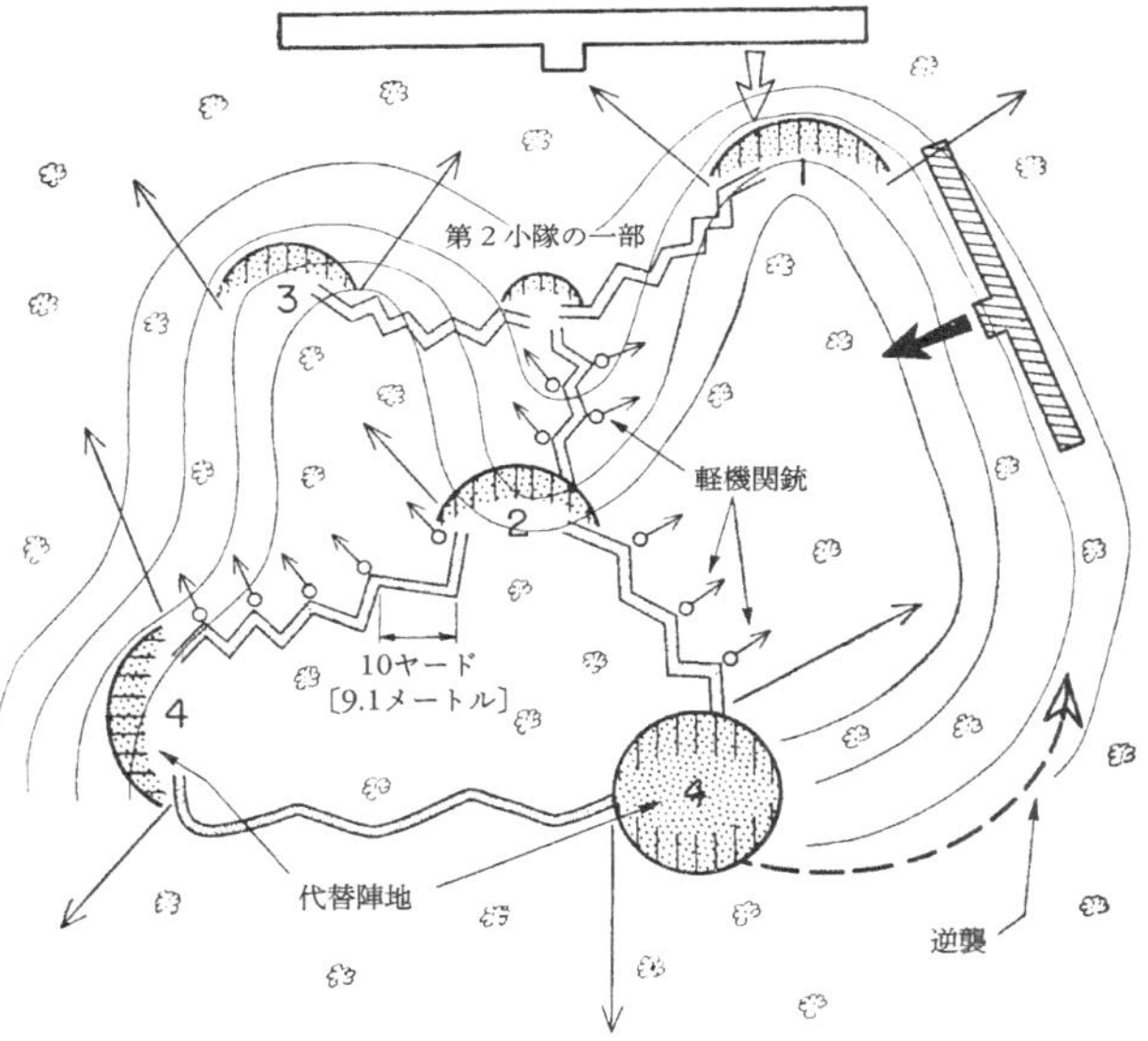


図 10

イツ軍のように主要防御陣地を逆斜面上に築き、そして野砲弾の直撃以外に耐えうる掩体壕を造」って巧妙に偽装、「敵が近づくまで、余りに近すぎて砲兵、迫撃砲、重機関銃の援護を受けられなくなるまで射撃を控え、そこで猛烈な機関銃射撃を開始する」不意打ちであるから注意せよと警告している。

【図10】はIB一九四四年五月号「日本軍の防御陣地」に掲載された「日本軍歩兵中隊が小渓谷の防御用に構築する全方位防御陣地」の図（数字の１～４は各小隊を示す）で、敵がどこから攻めてきてもジグザグに掘った塹壕《ざんごう》内から軽機関銃の十字砲火を浴びせて足止めし、その間に第四小隊を逆襲に投じるというものである。

　これらの諸報を読めば、日本陸軍の対米戦主力兵器は銃剣でも明治以来の旧式小銃・三八式歩兵銃でもなく、機関銃だったといっても過言ではないだろう。

　日本側の史料でも、東部ニューギニアの対米豪軍戦闘で得られた教訓として、「自ら数米《メートル》に離れ点検するも陣地たることを認識し得ざる如く」偽装したうえで「敵を至近距離に引著《ひきつ》け（一〇米内外）一挙に殲滅《せんめつ》す」るのがよいとされている（大本営陸軍部「戦訓特報第九号　自昭和一七年七月至昭和一八年四月　東部『ニューギニヤ』作戦の体験に基く教訓」一九四三年一一月一八日）。日米両軍の資料から、その有効性が裏付けられている。

　とはいえ、この防御戦法は同時に「突撃精神不足の為、兎《と》角《かく》重機及軽機第一主義となり火力にのみ依頼して前進せざる傾向」（同）も日本軍にもたらしてしまっていた。また、日本軍の分隊が攻撃すると「敵は通常後退せり、但し絶対に遮蔽して至近距離に我を引著けて射撃するものあるはもっとも手に負えぬものなり」とも報じられていた。つまり日米両軍ともジャングルという特異な条件を利用して相手を待ち伏せ、わずか数メートルの距離から機関銃で撃っていたというのがソロモン・ニューギニア戦線の実態であった。

　日本陸軍は同戦線の特異な条件に鑑《かんが》み、〈伝統〉の突撃戦法に関しても「突撃発揮〔発

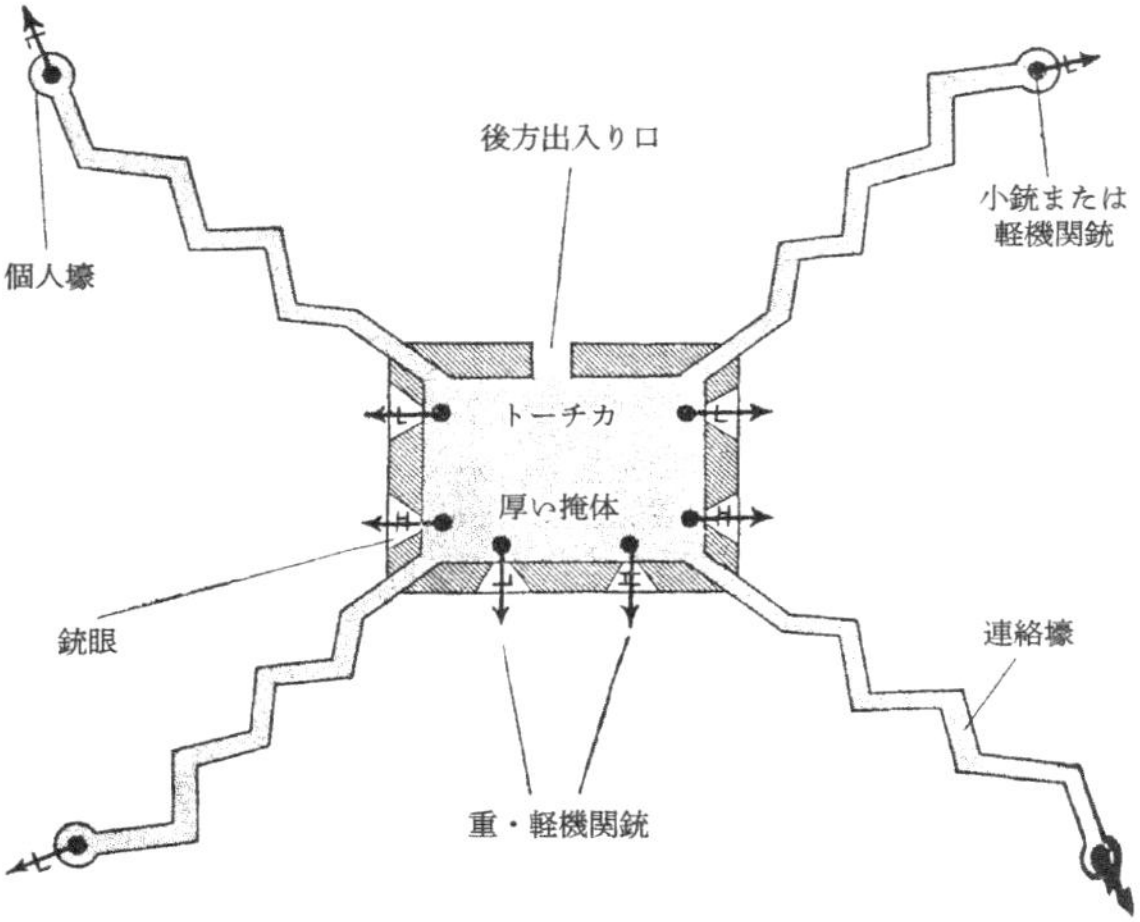


**図 11**

起?」は極力敵に近接（一五米以内）して敵の側背に向い一挙に突入するを要す従来の遠距離より喊声《かんせい》を挙げて突入する攻撃法は不成功に終わる」とその改善を提起していた（大本営陸軍部「戦訓特報第二五号 西部『ニューブリテン』に於ける月兵団の作戦」一九四四年六月一〇日）。日本陸軍は米軍火力に叩かれ続けてなお、漫然と「遠距離より喊声を挙げて突入する攻撃法」を続けるほど愚かだったのではない。

## 陣地に籠もった抵抗

米軍のみたニューギニアの日本軍防御陣地について、もう少し説明を続けたい。前掲IB「日本軍のジャングル防御に関する解説 第Ⅱ部 戦術」には「四つの小さな〝防御〟地下壕と連絡壕で結ばれた、日本軍の強固な半永久機関銃陣地」(【図11】)が掲載されている。

ニューギニアの日本軍はこうした地下陣地に立て籠もり執拗に抵抗した。IB一九四三年五月号「米軍観戦者のみた日本軍戦法」は日本軍の機関銃陣地用法について、ある種の感嘆ともとれるような言葉を述べる。

日本軍は自動火器の配置に巧みであり、陣地への侵入路をよく計画された相互支援射撃でカバーしている。最初の目標が現れても射撃しない——もっと大きな獲物を待っているのだ。小隊どころか中隊すらも陣地に侵入させてしまう。背後から撃つためである。日本軍が陣地を捨てることは、たとえ完全に側面を衝かれ、その結果攻め込まれて殺されるとしても、めったにないことを認識しておくべきである。

確かに日本軍将兵が陣地を捨てて逃げ出すことは「めったに」なかった。前掲IB一九四三年五月号「米軍観戦者のみた日本軍戦法」は東部ニューギニア・ブナ地区の戦例として、「陣地を固守しようとする日本軍の執拗さを強調しすぎることはない」と警告している。ここにも「[陣地に]通常の手榴弾、銃、迫撃砲はまったく効果がない。掩体壕内に手榴弾を放り込んでも、ガソリンをかけて火を付けても、土や砂で封鎖しても、二、三日経った後で日本兵が飛び出して戦おうとするだけである。ある記念品ハンターが封鎖して四日経った壕内に入ったところ、刀を持った日本軍将校に追い回された」と、その執念深さに対する感嘆のような言葉が並んでいる。

こうした陣地に立て籠もる日本軍将兵を連合軍側は「穴掘り屋（digger）」と名付けた。ビルマ戦線の英軍は、「この地域の敵は多くの連絡壕を使っている。這って進むだけの深さの型から、立って歩くのに十分な型まで多様である。深さの度合いは明らかに掘削に使える時間に比例している。日本軍はいつでも穴掘り屋と化し、時間を与えれば実に精緻な防御線を構築する」「日本軍はこの数か月、防御陣地の間を結ぶ連絡壕をより多く、より深く掘ることの必要性を強調している。砲爆撃に耐えうる個人壕の構築も強調している」と報じていた（IB一九四四年七月号「ビルマの日本軍戦法」）。

同記事は「日本軍の資料は『敵の常用戦法は、我が個人壕と塹壕を別個に掘ることで容易に対処できる』と述べている」とも報じている。日本軍はどの戦線でも、とにかく壕を掘って連合軍の砲爆撃をやり過ごすことに反撃への希望を見いだしていたのであろう。

このように、一九四三〜四四年の南方日本軍はまさに「穴掘り屋」と化して敵の砲爆撃をやり過ごし、ぎりぎりまで引きつけた敵に突如機関銃を発砲するという方式で執拗な抵抗を演じていたのだった。これは四五年の硫黄島や沖縄戦でとられたのと、規模の差こそあれ基本的には同じ戦法である。

## 米軍のみた日本軍狙撃兵

火力に劣る日本軍が一発必中の狙撃兵（【図12】）を防御に活用したことは拙著『米軍が恐れた「卑怯な日本軍」』で述べたので本書では繰り返さないが、ある米軍観戦者はソロモン戦での日本軍狙撃兵について「主たる役割は明らかに我が軍を混乱させ、主目標から引きはがすことにあ」り、「我が軍は側背部に狙撃兵を侵入させた部隊の襲撃を許すのがもっとも望ましくないことに気付いた」と語っていることから（IB一九四二年一二月号「ソロモン諸島の戦い」）、攻撃の一環としても使われたことがわかる。

彼は「襲撃隊を伴った狙撃兵はひとまず迂回し、小規模な別働隊に後で掃討させるのがもっとも現実的であると、多くの機会を経てわかった」とも述べているので、米軍側は相当手こずったあとにようやく狙撃兵対策を確立したようである。

同記事によると「木に体を縛り付けた〔日本の〕狙撃兵を撃った後、死体を落下させるのが難しかった。この問題は戦車に木をなぎ倒させる、もしくはダイナマイトを輪にして木の根元に巻き付け爆破することで解決した」という。日本軍狙撃兵は死んでもなお米兵たちの脅威であり続けた、もしくは続けさせられたのである。

当然ながら、そのような日本軍狙撃兵は米軍将兵の眼に気味の悪い存在として映った。IB一九四三年一〇月号「米軍観戦者による日本軍戦法の解説」によると、彼らはなぜ日本兵がそこまで戦い続けるのかを〈合理的〉に考えた結果、「これは我が軍に弾薬の浪費を強いているのだ」という結論に至ったようだ。

　私は、日本軍が狙撃兵を木に縛り付けておくのは我が方の弾薬を浪費させるためだと思っている。木に縛られた狙撃兵は殺されても落ちてこないので、後で別の兵たちが通過するとき、再びその死体に銃弾を撃ち込むからだ。（ガダルカナルで）死後少なくとも三日経った日本兵の死体を木から切り降ろしたことがある。七八発の弾痕があり、その六〇パーセントは我が〇・四五インチ口径銃によるものだった。

図12

（ガダルカナルで）狙撃兵が覗き穴と銃口を突き出す隙間だけ残して埋められているのをみた。これらの陣地は我が軍の通過後、その背後に正対するよう掘られていた。

日本軍側が米兵の推測通り、敵に弾薬の浪費を強いる意図を持っていたかは不明である。ただ、これを裏書きするかのように、ニューギニアの日本軍はダミーの狙撃兵人形を作って樹上に据え付け、米軍が何発も発砲すると撃ち落とされたふりをして落下させ、後で滑車とワイヤで樹上に引き戻すというトリック戦法を駆使していた。ただし日本兵があまりにも早くダミーを引き戻したため、このトリックはばれてしまった（IB一九四三年五月号「米軍観戦者のみた日本軍戦法」）。

ニューギニア以外の日米戦場、例えばギルバート諸島マキン島の日本軍守備隊（海軍陸戦隊）も同様に狙撃兵、そして機関銃で抵抗した。「機関銃と狙撃兵が海兵隊にとって主たる困難となった。海兵隊は機関銃が放たれると地面に貼り付いたが、機関銃座脇の椰子《やし》の葉の下で巧妙に偽装した狙撃兵には身をさらしたままであった」。彼らは指揮官と通信兵を狙い撃ちした。そこで海兵隊は「まず狙撃兵を片づけ、次いで機関銃座を潰した。各銃は良好な射界を持つように配置され、よく偽装されていた」という（同）。

## 兵器の評価

ところで、日本軍兵士たちの携行する武器、特に小銃について米軍はどう評価していたのだろうか。IB一九四四年一〇月号「日本軍兵器の概説」は次のように述べている。

三八式歩兵銃は長くて軽く、小口径である。その構造上、ほとんど発射炎も反動も出ない。発射炎が出ないのは狙撃時――特に夜間――非常に重要な要素であり、日本軍が三八式の狙撃型を作ったのもうなずける……体格の貧弱な平均的日本兵にとって、反動がないのはたいへん素晴らしいことである〔敵の捕虜は、より大口径の銃は反動が邪魔するので日本兵は撃つのをはっきり嫌がると述べている〕。

日本軍が特化していた夜戦や狙撃戦法には最良との評価である。また、日本軍が重視していた（とされる）白兵戦についても、「三八式の長さは銃剣戦にとても好都合である。日本軍歩兵がこの銃に三十年式（一八九七年）銃剣を装着すると類例のない長さとなるので、彼らは接近戦でより体が大きく背の高い敵兵とも渡り合えると感じる」と述べ、小口径ゆえ体格に劣る日本兵が使うには似合いの銃と、日本兵捕虜の証言にもとづき評価している。

いっぽうで、この記事は日本陸軍の兵器開発について、「一九二五年から三六年にかけて、これらの新兵器〔各種重火器〕を生産する一方、日本軍は自動火器と迫撃砲も着実に改良していた」、「すべての事実が知られたとき、我々は大戦争に向けた日本軍の兵器開発努力は、ドイツのそれに比していささかも劣らず熱心であったことを悟るであろう」と高く評価している。特に迫撃砲（物陰に隠れた敵の頭上から砲弾を浴びせる曲射砲）に注目し、九七式迫撃砲の短砲身版・九九式（一九三九年）八一ミリ迫撃砲は「ジャングル戦用に設計されている。砲身が非常に短いため、高い草むらの中に容易に隠せる」、九八式（一九三八年）五〇ミリ迫撃砲は「射角を固定した特異な滑腔砲《かっくうほう》で、重さはわずか四八ポンド〔約二一・八キログラム〕である。七ポンド〔約三・二キロ〕のピクリン酸を含む高威力の砲弾を発射し、固定砲台に対するジャングル戦用に設計されている」とそれぞれ解説している（*）。

米軍側はこのふたつの迫撃砲を、日本陸軍が「明らかに早い段階から南方への移動を予測していた」ことの証と解釈したのだった。だがじっさいには、一九三九年以降の日本軍が軽量・短射程の迫撃砲を作ったのは南方でのジャングル戦用ではなく、輸送手段の機械化が遅れており、かつ現下の対戦相手たる中国軍が大量の迫撃砲を投入していたからであろう。それをよく知らない米軍側は、日本軍が劣った兵器で戦っているのは先見の明があったにもかかわらず、「〔国際〕政治上の動きの速さが兵器開発のそれを上回った」せいだと勘違い、過大評価をしていたのであった。彼らの分析とて、常に完璧というわけではなかったことの一例である。

（＊）「九八式迫撃砲」は正しくは「九八式投擲器《とうてきき》」で、突撃直前における敵の制圧に用いる投擲爆裂缶、鉄条網や軽掩蔽部を破壊する羽付破壊筒を投擲する（竹内昭・佐山二郎『日本の大砲』一九八六年）。

## 4　アッツ島戦

### アッツ守備隊の戦いぶり

アメリカにとってアッツ島はグアム島などとともに、日本軍から奪取された固有の領土であったためか、米軍はいち早く奪回に乗り出し、一九四三年五月一二日に上陸作戦を実施した。対する日本軍守備隊約二六〇〇名は抗戦のすえ同月二九日に「玉砕」と称する全滅を遂げた。そのさい実行された日本軍戦法は米軍にとっていろいろな意味で印象深かったらしく、IB一九四三年一〇月号に「アッツの日本軍戦法に関する報告のまとめ」と題する詳細な報告記事が書かれている。アッツ島の日本軍守備隊はかねて用意した陣地に立て籠もって米上陸軍に対抗した。その陣地とは次のように造られたものだった。

敵は地域一帯を各小銃、機関銃が威力を発揮できるように整備していた。陣地は高所や坂の途中に造られていた。一人の銃手がタコ壺〔＝個人壕〕、小銃座、機関銃陣地間を移動して数か所から射撃できるよう、その間に塹壕やトンネル（時に両方）が造られていた。このため陣地を占領されても別の新しい陣地に移ることができたし、我が方は敵の兵力を見誤りがちとなった。

このように日本軍はアッツ島でも「穴掘り屋」の本領を発揮して米軍を攪乱した。その上で各機関銃座が連携し、進攻してくる米軍に十字砲火を浴びせて阻止を試みた。

日本軍の機関銃座はおおむね適切に相互支援していた。機関銃が単独で据え付けられることはほとんどなかった。各銃とも、二〇〇〜五〇〇ヤード〔一八三〜四五七メートル〕ほど離れた最低一丁の別の銃から支援されていた。このため全兵器を一度に撃破せねばならず、制圧が難しくなった――さもなくば最初の銃座が別の銃座より支援されるのだ。

とはいえ、IB一九四三年七月号「米軍観戦者のみた日本軍戦法」の筆者は、そのような陣地に拠った日本軍守備隊の戦いぶりを、日本側が「玉砕」と美化したような最後まで決然たるものだったとは評価していない。

アッツ島の日本軍は大量の食料、十分な衣服と寝具を持ち、長期の籠城《ろうじょう》に耐えられるようになっていた。彼らは十分に訓練と指揮を受け、向こう見ずに戦い続けた――状況が圧倒的に不利になってもそうであった――が、逆もまた真なりであった。ある観察者は、日本軍は事前の計画に従っているときは几帳面かつ決然と戦っているようにみえたが、ひとたび計画が失敗すると混乱し、無能になったと述べている。敵は最後の一人まで陣地を死守したが、よく準備された陣地を離れ、戦おうともせず退却することもあった。同じ観察者は、日本軍は十分な量の弾薬を持ち自由に使っていたが射撃はとても下手だったと報じている。

防御側の日本兵たちは、ここでもまた、事前の作戦計画が失敗するととたんに脆《もろ》くなったというのである。

**従軍米兵の印象**

これと同じ印象を個々の従軍米兵も抱いたようだ。米軍がアッツ島で負傷した自軍将兵から聴取した体験談を集めたIB一九四三年八月号「米軍傷兵、アッツの日本軍を語る」より、米兵たちの日本兵に対する印象を拾ってみよう。

**軍曹（小銃小隊）**　日本軍はすぐ混乱に陥る。手榴弾を投げるふりをしただけでバラバラになって逃げ去ってしまい、小銃のよい的となる。格闘戦では我々の敵ではない。一つ印象に残っているのが、〔日本軍〕擲弾筒の正確さだ。二発撃てば機関銃に当てられる——我が機関銃は頻繁に移動しないとやられる。

**曹長**　日本軍は小集団で戦うことを好み、その兵力で敵を阻止しようとする。移動が速いので我が方は常に迎え撃つ準備を怠ってはならない。日本兵の射撃が上手だとは思わない。敵に狙われたとき、地面に飛び込んで三、四ヤード〔二・七〜三・七メートル〕ほど左右に転がることで逃れた（その方向へ数発撃ってきたが）。我が装備と兵器は敵よりも優れているから、十分計画して頭をうまく使えば日本軍を打ち負かせる。迫撃砲が敵の最良の兵器であるが、その射撃法は上手《うま》くはない。

**上等兵（小銃手）**　日本兵の小銃、機関銃射撃が下手だったのが印象に残っている。だが擲弾筒には注意すべきだ。個人に対しても本当にたくさん撃ってくるが、互いに距離を十分取れば大して危険ではない。この点に失敗したのはよくなかった。我が部隊はある丘を攻撃するとき十分な距離を取らなかったので、多くの犠牲を出してしまい任務を達成できなかった。

**兵（小銃手）**　ある海兵隊員が近距離の日本兵は変な臭いにより探知できると言っていた〔本書一二〇頁参照〕。説明が難しいのだが、アッツの我々も敵のいる方向から風が吹いてくると臭いをかぎ取った。日本兵を発見するのは難しいが、一度姿をみせれば勝ち目はない。格闘戦はひどく苦手である。日本兵は階級章を付けたり、手信号を送る者を執拗に狙った。日本軍の銃や鉄帽は我々のものより劣っている。

**伍長（小銃手）**　短い日本軍との交戦で、敵小銃小隊の機動はきわめて不注意だと感じた（たくさん雑音を立てるし、群れる傾向がある）。小銃の射撃も下手で結果も悪かった。

**上等兵（機関銃手）**　四日間銃火の下にいた。敵からみられ、撃たれないために、真っ先に壍壕を掘らねばならなかった。覆いを発見するのは難しくなかった。私の印象では、日本兵は米兵のような闘志（guts）を持っていなかった。格闘戦ではすぐに音を上げた。

**上等兵（ブローニング自動小銃手）** 日本軍は夜間の接近戦を好み、昼間は出てこないことを知った。私が考えるに、彼らはきわめて臆病な兵士ではないだろうか。

このように、日本兵は格闘戦・射撃が下手、闘志《ガッツ》に欠けると感じた米兵が多い（中には兵〈小銃手〉の「日本兵は優秀な狙撃兵で、まさかと思うような場所にも潜んでいる」という証言もあるが）。米軍情報部が味方の士気昂揚のために実際の体験談を曲げた可能性もあろうが、最終的に日本側が敗れたという結果を思えば無視はできまい。

前に掲げたIB一九四三年一〇月号「アッツの日本軍戦法に関する報告のまとめ」も日本兵の闘志について、確かに「全滅するまで突進して来た」し、掃討段階でも死んだふりをして狙撃や手榴弾投擲の機会をうかがっている者もいたけれど、「日本兵は明らかに人間であった。アッツの観察者たちは、我が方が火力で優越しているとき、敵は頭を低くし続けていたと報じている。彼らの士気は我が迫撃砲や火砲の前に著しく低下した。日本兵は我が銃剣にも恐怖を示した」と総括、低い評価しか与えていない。

同記事で、ある米軍小隊長が「日本軍に向かって前進を続ければ、敵は必ず混乱してどうすればよいのかわからなくなる。一つ確かなことがある。奴が超人だなんて馬鹿げている。実際に攻撃すれば敵は逃げ惑い、君の二倍も怯え出す」と「日本兵の個人的特徴について」断言したように、「日本軍超人伝説」はこのアッツ島攻防戦で完全に止《とど》めを刺されたのであった。

なお、IB「アッツの日本軍戦法に関する報告のまとめ」は日本軍の銃剣戦について、「日本軍は訓練時に銃剣の使用を重視しているにもかかわらず、アッツのそれは概して銃剣の扱いが下手であった。観察者たちは、敵が我が方の高い背丈と肉体の強健さを恐れたのだろうと考えている」と評している。実際に米兵を目の当たりにして体格が劣ることを覚り、肉弾戦に及び腰となったのだろうか。

## 狂信的な奸計、潰える

アッツ島のはるか南、ニューギニアの北に浮かぶアドミラルティ諸島ロスネグロス島も、西進する米軍が飛行場・港湾獲得、同方面における日本軍の拠点・ラバウル孤立化のため一九四四年二月に上陸して日本軍守備隊を全滅させ、占領した戦域である。

アドミラルティ諸島に日本軍は陸軍二六一五名、海軍約一一四〇名の守備隊を置いていた。その部隊長は輜重兵《しちょうへい》連隊長で、守備隊兵力の一部となった独立混成第一連隊第二大隊(七六三名)についていうと「将校の半数が支那事変の経験者であったが、下士官を除く兵の多勢部分は実戦の経験はなかった」という(防衛庁防衛研究所戦史室『戦史叢書　南太平洋陸軍作戦〈4〉フィンシハーヘン・ツルブ・タロキナ』一九七二年)。これに対して米軍は四万五一一〇名(うち地上部隊二万五九七四名)もの兵力を差し向けた。

IB一九四四年一一月号「アドミラルティ諸島で——狂信的な日本軍の奸計《かんけい》、米軍の重防御の前に潰《つい》える」は四四年二月末から三月にかけて夜間、少人数での侵入作戦を繰り返し抵抗し続けた同島日本軍守備隊に以下のような評価を下した。

アドミラルティ諸島の日本兵は、一人または少人数ではジャングルの最良の狙撃兵であった。完璧に偽装し、十分な食料と弾薬を与えられており、米軍の〝弾の無駄遣い〟をあざ笑っていた(ある日本兵の評「米兵は何でも撃つ。撃った数に応じてボーナスがもらえるに違いない」)。敵は最良と思われる目標を慎重に選び、我が正面に無駄撃ちすることはしない。位置を暴露することを嫌い、米軍が撃ってから撃ち始める。時に位置を換えるものの、殺されたり、米軍を立ち去らせるまではそこを動こうとしない。絶対に樹の上からは撃たず、下草や樹の根もと、その他自然の遮蔽物に隠れて撃ってくる。

ここで日本軍兵士の個人的能力に対して下された評価は、アッツのそれとは異なり意外にも高い。ところが集団になると同じく脆いと酷評されてしまう。

日本軍兵士は一人ないしは少人数では油断ならず、ずる賢く、あらゆる機会に戦果を挙げようとしていた。しかし大人数で戦うとなると、よく練られた作戦を発展どころか遵守《じゅんしゅ》することすらできなかった。無謀な〝自殺〟突撃が常であった。大部隊が狂ったように叫びながら援護もなく突進してはなぎ倒された。ある観戦者の言葉を借りれば、彼らは〝役立たずの能なし〟であった。

日本軍守備隊がこうした脆さを露呈したのは、その指揮官に問題があったのではないかと私は思う。IB「アドミラルティ諸島で——狂信的な日本軍の奸計、米軍の重防御の前に潰える」は日本軍守備隊の司令官が「これは足止め用の戦法ではない、反撃だ!」「増援は期待できない」「大隊に予備兵力はない」「現在の兵力で任務を達成しなくてはならない」「命令があるまで退却してはならない」「自決を覚悟せよ」といった死守命令を矢継ぎ早に下し、対する米側は「こうした悲観的命令が部隊の士気に与える影響は確実に予想できる」と論評、指揮の拙劣ぶりを批判しているからだ。

なお、同記事は「日本軍、ドイツ軍の司令官はともにそのような命令を乱発するが、実際に守られる可能性は日本軍のほうがはるかに高い」とも評していたことを付記しておく（これはIBが行ったごくわずかな日独軍比較のひとつである）。

米軍には日本軍がなぜ集団突撃を敢行し全滅を遂げたのか、その理由がよくわからなかった。彼らは「絶望的感情が広くはびこっているはずであるにもかかわらず、敵の兵士が我が軍に対する絶望的で無益な反撃に加わり、指揮官の命令通りに集団自殺（mass suicide）を遂げるのは、独特な日本の流儀に反応して（reacted in characteristic Japanese fashion）のことと解釈すべきだろう」と考察したのみで、なぜ日本兵たちが「独特な流儀」に従ったのかにまでは踏み込まなかった。米軍にとっては与えられた目標を奪取できればそれでよかったのだろうが、その子孫たる我々には重い課題のまま依然残っている。

## 穴に籠もりだした日本軍

以上、本章では一九四四年夏までの太平洋戦線における日本軍戦法と、これに対する米軍の「評価」について述べてきた。まとめるならば①夜間・包囲攻撃偏重を見抜かれ逆手にとられた、②肉弾戦に弱く、集団志向だった、③兵個人の退路を断たせたがゆえに抵抗は強靱だった、④「穴掘り屋」と化して機関銃を至近距離から浴びせ、執拗に抵抗した、といったところになるだろう。

日本の歴史学研究者は近代日本の代表的な陸戦兵器として、三八式歩兵銃と銃剣を挙げる（山本智之「陸戦兵器と白兵主義　三八式歩兵銃と銃剣」二〇〇六年。なお同論文の収録書は代表的な海戦兵器として戦艦大和・三笠を、空戦兵器として零戦を挙げている）。だが、太平洋戦争に関し当の対戦相手たる米軍の印象を踏まえていえば、挙げるべきは三八式歩兵銃と銃剣ではなく、各種機関銃とその用法ではなかったか、と思う。

【図13】は一九四五年の米軍が考えた、「白兵突撃」する日本兵の図である（『日本軍の制服と階級章（*Japanese Uniform Insignia*）』）。確かに銃剣を振りかざした突撃なのだが、彼が持っているのは三八式歩兵銃ではなく、一九三六年制式の九六式軽機関銃である。同じ「突撃」であっても、旧式な三八式歩兵銃による突撃という我々のイメージと、戦時中の米軍のそれはいささか異なっている。

図13

　ところで、これ以外の日本軍戦法の特徴として、アッツ島の戦い以降の各戦場で洞窟に立て籠って反撃に出たことが挙げられる。戦争末期に書かれたIB一九四五年八月号「日本軍、穴に籠もる」がアッツ島から沖縄までの各戦場に日本軍が築いた洞窟陣地の概要を時期・戦場別にまとめているので、以下にアッツ島からパラオ諸島までの記述を引用したい。なお、同記事の分析中、マキン・タラワ、クェゼリン作戦は「洞窟防御が防衛上重要な役割を果たしていないので除外」されている。まずはアッツ島、ニューギニアから。

**アッツ島〔四三年五月失陥〕**　日本軍は少なくともある程度まで、アッツ作戦という早い段階から洞窟陣地の価値を認めていたようである。自然と人工の洞窟が防御陣地内で統合され、塹壕とトンネルがタコ壺、機関銃座を結んでいた。日本軍は地の利を最大限に生かし、峡谷の壁側に陣地を用意していた。

**ワクデ島〔四四年五月失陥〕**　米軍はニューギニア真北のワクデ島で、もっとも即効性ある手段で片づけねばならぬ、穴に籠もった日本軍に遭遇した。ある地点の日本軍は、珊瑚の岩壁に掘られた長さ三〇フィート〔九メートル〕、入り口を石の胸墻《きょうしょう》で防護したトンネル内に入っており、別の日本軍の拠点は帽子状の岩のつば部分に掘られた掩体壕内にあった。日本軍の集団は、海岸直後、海抜五〇〜七五フィート〔一五〜二三メートル〕の珊瑚の急坂上にある洞窟、連絡トンネル内にもいた。

**ビアク島（四四年七月失陥）**　珊瑚の稜線上にあり、一連のトンネルで結ばれた石灰岩の擂《す》り鉢穴、洞窟の利用（【図14】）は、日本軍が防御に有利なビアクの地形を巧みに生かしたことの証である。深い洞窟とトンネルが対砲爆撃用の防護となり、周囲のでこぼこした地形により強固な防御が可能となった［各洞窟の細目は略すが、例えば「西洞窟」と呼ばれる地上に開いた大きな三つの窪地は「一連のトンネルや洞窟で結ばれ、壕全体の収容能力は約一〇〇〇人であった」］。

ビアク島の日本軍守備隊は陸海軍合わせて一万一二六七名、うち戦闘部隊は約四六〇〇名であった。マッカーサー率いる米陸軍が同島を欲したのは同島からフィリピンへの空爆が可能となるからであり、結果から言えば確かに日本軍守備隊はこれを許すことになった。しかし、日本側が地形を生かして二か月弱にわたり激しく抵抗した結果、マッカーサーは同時期に海軍が行っていたサイパン島上陸作戦への航空支援ができなくなった。彼らの敢闘は敗勢のなかで「最終的に敗北したにせよ、敵の作戦目的を一つでも阻止できた」のである（田中宏巳『マッカーサーと戦った日本軍　ニューギニア戦の記録』二〇〇九年）。

（外見図）

稜線高さ
30フィート
監視所
崖10フィート
崖の表面
銃眼
銃眼
砂浜


（断面図）

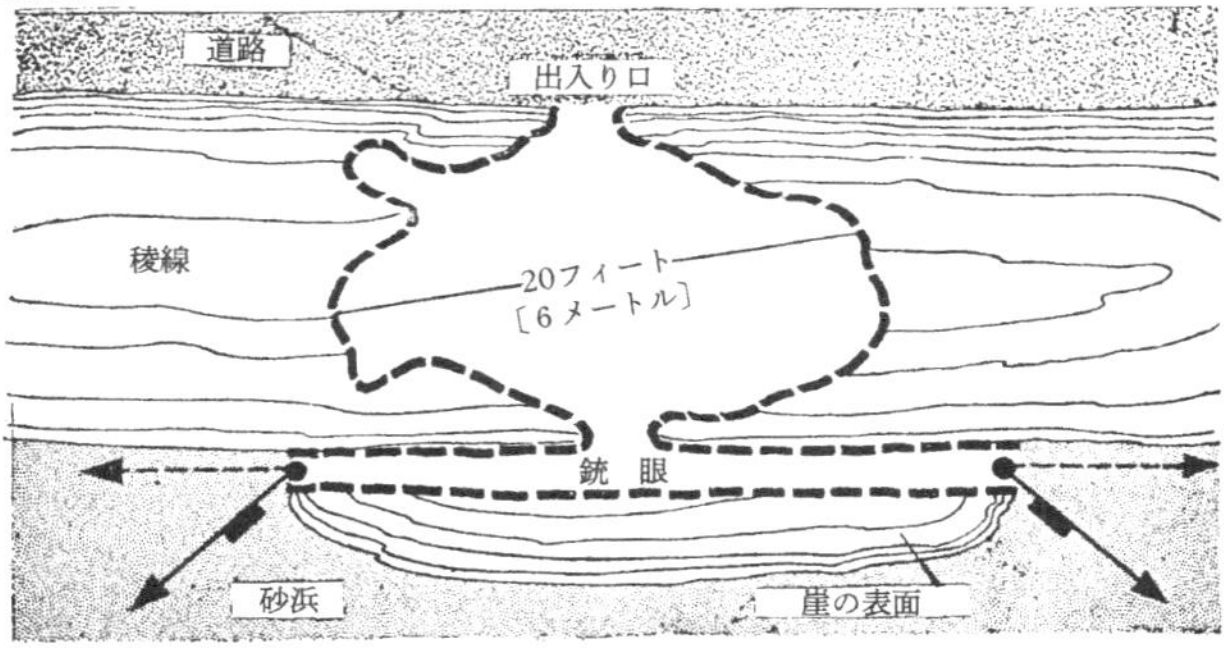

道路
出入り口
稜線
20フィート
〔6メートル〕
銃眼
砂浜
崖の表面


**図14**

**中部太平洋の島々の洞窟陣地**

以下はIB一九四五年八月号「日本軍、穴に籠もる」が描いた、サイパン島をはじめとする中部太平洋上の島々に日本軍が構築し、海兵隊主力の米軍部隊に奪取された陣地の状況。

**マリアナ諸島〈サイパン島四四年七月、グアム島同年八月失陥〉**　壁面上の天然または人工の洞窟、コンクリートまたは丸太と土製の掩体壕が、サイパン島内部におけるわずかな主要防御の大部分であった。洞窟陣地の多くは隘路《あいろ》に似た進路のため近づきにくく、また多くは非常な縦深《じゅうしん》をもち、内部にタコ壺や障壁を備えていた。強固に組織化、防御された洞窟陣地はグアムでも数か所見つかった。トンネルで結ばれ強固に防御されたある支援陣地は、多様な兵器で防御されていた。丘の中腹に掘られ、壁と天井をコンクリートで補強された砲座は、個人用の待避壕にもなるトンネルで結ばれていた。天然の洞窟と人工のトンネルは時に火器の砲座として使われたが、その多くは側方が見えずに射界が限られ、据え付けが不完全なものであった。

**パラオ諸島〈ペリリュー島同年一一月失陥〉**　ペリリュー島の洞窟は当時遭遇したなかでもっとも広大で、日本軍はそれを最終防御として最大限利用した。洞窟のほとんどは石灰岩が自然に変化したもので、いくつかは銃砲眼を切ったり、代わりの入り口を作ったり、壁を珊瑚岩やコンクリートで補強するなどして改良されていた。長い海岸での戦闘のあと、日本軍は洞窟で穴だらけの、いくつかの絶好の監視哨を含んだ地帯へと後退した。崖、もしくは険しい坂の側面のさまざまな高さの所にある洞窟は全方向に面しており、事実上不可視の入り口を覆うコンクリートと鉄製のドアで補強されていた。多数の部屋と入り口があり、相互支援や自活が可能な備蓄、配置がなされていた。

これらの戦いの多くは米軍に一九四五年の硫黄島戦のような大損害を強要できず、したがって戦後の日本人に知られることもなかった。その硫黄島での〈戦果〉は日本軍が洞窟に立て籠もって米軍の砲爆撃をやり過ごし、上陸した敵に火力を集中させる戦法、すなわち洞窟戦法によるもので、これを守備隊司令官・栗林忠道《くりばやしただみち》中将個人の「創案」とみる向きもある（白井明雄「栗林将軍は如何にして『洞窟戦法』を創案したか」一九九四年六月）。

しかし、IB「日本軍、穴に籠もる」の「敵が戦争を通じて洞窟陣地と掘開式陣地を増加させているのは明白」という評価やその他の記事をみれば、防御に回った日本軍がすでに四四年ニューギニア戦の段階から、洞窟陣地を活用して執拗な抵抗を演じていたのは明らかだろう。

特にビアク島戦について、米軍は「日本軍がビアク島防衛に失敗したのは洞窟の非脆弱性を過信した防御計画を立てていたからだ。彼らはあまりにも受動的防御に頼りすぎて米軍を事実上無抵抗で上陸させ、前哨部隊を戦うことなく退却させた」と批判する（米陸軍省軍事情報部『水陸両用作戦に対する日本軍の防御（*Japanese Defense Against Amphibious Operations*）』一九四五年二月）。だが、もし日本側が洞窟陣地を打って出て積極的な戦いを挑んでいれば、これを待ち構えていた米軍はより早く同島を制圧できていたはずである。

また、米軍はペリリュー島戦について「島の高地の洞窟は日本軍により個人壕、火器の掩体として有効に用いられた……砲爆撃は洞窟陣地にまったく効果がなく、日本兵を追い出すには爆薬、煙、火炎放射器、そして手榴弾を用いるしかなかった」と、洞窟陣地の有効性と友軍の苦戦ぶりを報じている（同書）。

なぜ一九四五年の硫黄島で洞窟戦法が実行されて〝大戦果〟を挙げえたのかは、これらの〈先例〉の存在も踏まえないかぎり理解できないのではないだろうか。なお、白井氏が栗林戦法の卓越性は陣地からの出撃を禁止してまでも長期戦に徹したことにある、栗林はペリリューの戦訓に学んだ、とも指摘している点は卓見として特記されるべきである。

**戦車が怖い**

防御を強いられた日本軍が一番怖かったのは、米軍歩兵の楯となり接近してくる米軍のM4シャーマン戦車（重量三二トン、七五ミリ砲一門装備、時速四〇キロメートル。本書一八五頁図参照）であった。なぜ怖いかというと、日本軍にはこれを遠距離、正面から撃破できる威力を持つ火砲や戦車がないか、あっても少ないからである。

ソロモン諸島ブーゲンビル島で米軍と交戦した日本陸軍第一七軍は大本営に対し、「過去幾多の南東方面の戦闘に於て敵を撃滅し得ざりし最大原因の一は敵戦車の跳梁《ちょうりょう》によるものにして……不備なる対戦車装備を以て優勢なる敵戦車の撃滅破砕を期するは固《もと》より難事中の難事なり」と言い切り、苦悩を露わにしていた（大本営陸軍部「戦訓特報第二四号　沖集団『タロキナ』作戦の教訓」一九四四年六月一〇日）。

一九四四年、日本軍の眼に米軍戦車隊がどう映っていたのかを端的に示す別の資料として、海軍施設本部が一九四五年二月に作ったガリ版刷りの戦訓報告用小冊子『諸兵器（米英）其の他参考資料』（一ノ瀬所蔵）を挙げよう。

同資料は「サイパン島テニヤン島共に敵戦車は終始我が陣地の間隙より突入し、為に各戦における陣地の保持著しく困難となり、逐次最後の線に圧迫せられ」てしまったとする（海軍も南方各地に陸軍ばりの陸戦兵力を配置しており、施設本部はその築城施設も担当）。つまり米戦車を阻止できずに味方陣地の寸断を許したことが、最終的に両島の陥落につながったというのである。

この資料は「敵使用戦車数と守備部隊戦力維持の状況」と題する次の表を載せている。

| | | |
|---|---|---|
| サイパン島 | 戦車一五〇 | 約三週間 |
| 大宮〔グアム〕島 | 二〇〇 | 同 |
| テニヤン島 | 一〇〇 | 約二週間 |
| ビアク島 | 少数有せるも使用困難 | 二か月以上 |

敵米軍が戦車を大量投入した地域は保ってせいぜい数週間、というのがこの表の含意だろう。

かくして『諸兵器（米英）其の他参考資料』は「対戦車戦闘機能を喪失せる陣地の防支は不可能に近し　防御に於ては対戦車組織を主体として陣地の編成を要す」と、対戦車戦闘こそ陸戦での防御における最優先課題なりと指摘したのであった。

では米戦車を具体的にどう足止めするのか。同資料は地形をうまく利用して「近線火力」を集中する（近距離から砲撃を浴びせる）、爆薬・煙を活用し威力不十分な資材も結束活用する（一発では威力の小さい爆雷・地雷をまとめて使う）などの策を挙げている。

その他の戦車対策として味方陣地前への障害物設置もあるが、「壕人工崖」などを作っても乗り越えられるので「陣前対戦車障碍《しょうがい》は『火力により支援せられたる肉攻撒布地帯』とするを可とす」と述べている。つまり、火砲や戦車の劣勢を補うべく、肉攻＝爆雷を持った肉迫攻撃を行う生身の歩兵を「撒布」した「地帯」を作ることになっていた。

肉攻自体はニューギニア戦線ですでに実行されていた。同資料はフィンシハーフェン戦（四三年九〜一二月）におけるその様子を次のように描く。「敵戦車三〜七台を一群として前進す、戦車は当初の時期歩兵の前方一〇〇米《メートル》内外を挺進《ていしん》し来りしが我が肉攻に依り後退し、爾後《じご》行動慎重となり歩兵の前方二〇米内外を前進、我が陣地の一五〇米付近にて停止し射撃す」。つまり日本兵たちが肉攻をかけても、結局は戦車と密接に連携した米軍歩兵によって排除され、陣地から一五〇メートル（！）という至近距離まで接近を許してしまったのである。こうなればもうその陣地は保たない。米戦車・歩兵からの砲撃、火焔放射により焼き尽くされてしまうだろう。

## 小括

ソロモン・ニューギニアの戦いとは、米軍が日本陸軍とその兵士の攻撃能力を「ハッタリ」と見切り、攻勢への自信を深めた過程であったといえる。日本兵たちは意外にも白兵戦には及び腰で、集団で戦うのを得意とし、射撃は下手で、勝っている時は勇敢だったが、負けると臆病になった。それでも彼らはフィリピンを目指して西進する米軍を阻止すべく、ジャングルの地形を生かして数十〜数メートルまで引きつけてから突如機関銃を撃つという戦法で対抗した。逃げ場はあらかじめ断たれており、文字通りの決死である。さらにどの戦場でも「穴掘り屋」と化して穴を掘り、もしくは洞窟に籠もって抵抗するという戦法で長期戦を試みた。彼らは最初から「玉砕」それ自体を目標としていたわけではない。しかし米軍が戦車を押し立てて進撃しはじめると、それを阻止、撃退する手段はなかった。

# 第四章

## 戦争後半の日本軍に対する評価
## ――レイテから本土決戦まで

## 1　対米戦法の転換

### 日本軍攻撃戦法はワンパターンか

長きにわたるニューギニア攻防戦の末、米軍は一九四四年一〇月にフィリピン・レイテ島へ上陸、これを奪取した。翌年一月にはルソン島へ、二月に硫黄島へ、そして四月沖縄本島へと次々に上陸を果たし、日本本土侵攻への地歩を固めていった。対する日本軍は地下にトンネル陣地を築いて米軍の火力を凌《しの》ぐ戦法をとった。本章では、米軍側がこうした日本軍の一連の戦いぶりをいかに評価していたのかを問う。

戦争最後の年の初め、IB一九四五年一月号「日本軍戦術」はそれまでに観察された日本軍攻撃戦法の総合的な分析を行い、次のような指摘をしている。

一九四一年一二月七日〔ハワイ時間〕以後三年間の戦いにより、日本陸軍の戦術はその多くが日本軍独特の確立された手順にほぼ沿ったものだと結論づけてよいだろう。この結論はビルマと南西太平洋での観察に基づいている。ここで日本軍の野戦戦術マニュアルに記された原則を参照することはしない。なぜなら日本軍戦術がマニュアルに書かれた原則に従うことはほとんどないからである。日本軍は予想だにしなかった戦術や手法をとってくることがあるけれども、その指揮官たちはある確立されたパターンに従うと考えるべきである。

確かに日本軍は細かい部分ではマニュアルにない「予想だにしなかった戦術や手法」をとってくるかもしれない（確かに「狙撃兵は木に縛れ」とか「土中に埋めよ」などとは、どの日本軍教範にも書いてない〈＊〉）が、しょせんそれは「ある確立されたパターン」の枠内に過ぎないというのである。要するに日本軍はワンパターンな戦術しかとれないというのが彼らの評価であった。

では、そのワンパターンさとは具体的にいかなるものだろうか。IB「日本軍戦術」の記述を以下に要約する。

・各部隊は最小限の兵力による任務達成の重要性を吹き込まれているが、多くの指揮官が状況の変化に応じて作戦を変更する能力の欠如を示し、性急で無駄な努力によって兵力を浪費する。

・攻撃精神は日本陸軍の全階級を通じて教え込まれているものであるため、日本軍の指揮官たちは決断を迫られるとほぼ決まって攻撃的手段を探す。
・日本軍は可能な限り奇襲を選ぶ。個々の兵士は奸計やずる賢い計略を多用するし、将校は意表を衝く戦術をとるよう教えられている。
・日本軍はひとたび戦闘に参加するや、予備隊をほとんど、あるいは全く作らない。その戦域に戦闘隊のみならず作業隊もすべて投入する。増援はめったに来ず、来ても少しずつである。しかし、日本軍が大部隊を南西太平洋の予測された地域に集中させても、その部隊は迂回《うかい》、孤立させられて結局大部分を失ってしまう。
・日本軍は偵察に熱心だが、それは決まって攻勢作戦の前である。

このように、一度決めた方針に固執して兵力を浪費する、奇襲攻撃一辺倒、予備隊を作らず大兵力を集中させるがそこを連合軍に迂回されて孤立し壊滅する、というのが米側の対日本軍評価であった。じっさい、ニューギニアの米陸軍は日本軍のいる島北岸の各地点や島々を適宜迂回して孤立させ、必要な地点のみを占領しつつフィリピン目指して西進する作戦（いわゆる蛙跳《かえると》び作戦）を成功させていた。

ただ、それではニューギニアの日本陸軍は田中宏巳氏描くところの「暗闇を黙って突入すれば、防戦側は敵がすぐ近くに来るまで反撃できないが、日本兵は喊声《かんせい》を上げて来てくれるから、喊声を聞くなり照明弾を上げ、声のする方に火力を集めればよかった」（アドミラルティ諸島戦〈本書一五五～一五八頁参照〉の描写、田中『マッカーサーと戦った日本軍』）ような夜間攻撃を漫然と繰り返すだけの軍隊だったのかというと、そうでもない。一九四四年一一月一五日付で米陸軍省軍事情報部が発行した『日本陸軍に関する軍人の案内書（*Soldier's Guide to the Japanese Army*）』は日本軍「お気に入りの機動戦術」である夜間攻撃について「連合軍の集中砲火による高価な犠牲を払ったことで、攻撃部隊は敵〔＝米軍〕の砲兵が〔味方〕歩兵を支援できない〔近〕距離へと肉迫するまで、敵陣への突進を控えるようになっている」との警告を発しているからだ。

この米軍「評価」にしたがうなら、田中氏が「理解に苦しむのは、何度やっても通用しない戦法を、何か月経ても、何年たっても繰り返し、決して新しい戦法を創造しないことである」と日本陸軍全体を酷評しているのは、若干言い過ぎのように思う。

（＊）日本陸軍『野戦築城教範 第二部』（一九四三年改正）に「敵の指揮官等を狙撃せしむる為《ため》狙撃手、自動火器等を樹上に配置するを利とすること少なからず」（第二七四）とは書いてある。

## 日本軍戦法の改良

戦争最後の年に入り、米軍は日本軍の用いた攻防両戦法とその変化をいかに総括、評価したのか、IB一九四五年一月号「日本軍戦術」の分析をもう少し観察してみよう。まずは日本軍の攻撃戦法から。

日本軍は相変わらず包囲戦法をとってくる。これは、会敵すると歩兵が連合軍の側面に回る、その間正面から機関銃と迫撃砲により支援された圧力をかけ続ける、後方にも回って敵の退路を断とうとする、という戦法である(ビルマ戦線の観察)。

たしかにニューギニア・ブナの敗北(四三年一月、日本軍守備隊全滅)以降、南西太平洋の日本軍の戦い方は受動的となったが、それでも攻撃に出ることがある。攻撃を行う際の日本軍はあいかわらず夜襲を「奇襲の機会を与えるので価値が高く、さらに火力支援の不足を補うもの」として好んでいるが、戦法をより高次の段階に高め、前進する歩兵の火力支援に力を入れはじめたとも指摘されている。

すなわち、日本軍は夜襲においても「火砲は襲撃を最大限支援できるように配置されねばならない。組織的な火力支援が最大限行われないのであれば、大抵の攻撃は失敗に終わるだろう」などと述べて火力を重視する姿勢をみせており、これは「敵が説いてきた、『精神力』や『銃剣』による勝利の原則を完全に破棄する」と評価されたのである。IB同記事は同時期のビルマ作戦でも「日本軍も連合軍の準備された陣地に対し、歩兵の攻撃に先だって砲兵の集中射撃を行うようになっている」と観察している。

こうした日本軍攻撃戦法に白兵否定、火力重視という改善の跡をみる評価は、IB以外の米軍史料、たとえば前出の米陸軍省軍事情報部『日本陸軍に関する軍人の案内書（*Soldier's Guide to the Japanese Army*）』（四四年一一月一五日）にも出てくる。

日本軍歩兵の好む包囲機動において、砲兵は側面を射撃できるのみならず正面攻撃も二次的に支援できるよう、歩兵線中央の後ろに置かれる。しかし日本軍は、ジャングルではこの戦法の改良が必要と考えている。砲兵はその弾道が樹のてっぺんを越えるように高く撃たねばならない。歩兵はジャングルの地形のため、多くの場合、進撃の速度を一定に保つことができない。これら二つの状況が重なって、日本軍は前進する味方歩兵の側面に砲を配置しない限り、近接火力支援の原則を守ることが事実上不可能となっている。この方法で砲を配置したことにより、伝えられるところでは味方歩兵のわずか五〇ヤード〔四五・七メートル〕前方に火力を投じることができるようになっている。

一九四四年の日本陸軍はその攻撃に際してジャングル内の砲兵の配置を「改良」し、敵陣包囲を試みる歩兵への火力支援を密にしていた、というのである。これら米軍側の分析に従うなら、日本陸軍はけっして「学ばざる軍隊」だったのではない。

## 白兵突撃一本槍ではない

一方、日本軍の防御戦法はどう総括、評価されていたか。IB「日本軍戦術」の分析をみよう。

日本軍は防御をよくて「やむを得ないもの（undesirable）」としかみない。状況により防御を強いられた場合でも、指揮官たちは可能な限り攻撃的な役割を果たすことが期待されている。それにもかかわらず、日本軍は防御に非常に熟達している。彼らは戦術上の利益がない限りめったに退却しない。日本軍部隊はどんなに圧迫されようとも、降伏するとはみなされない。部隊は全滅するまで陣地を守り続ける。

日本軍司令官は時間と部隊を与えられ、防御陣地を縦深化している。可能であれば必ず全周囲防御をとる。その外縁は相互に支援したトーチカまたは類似の陣地からなり、小銃兵や狙撃兵により支援されている。陣地は巧妙に偽装され、防御側は目標への非効率な射撃を繰り返したり、攻撃されるまで陣地を隠蔽するなどして、可能な限り奇襲の要素を保ち続けようとする。

機関銃は日本軍防御における基本的兵器である。この兵器は巧妙に設置、遮蔽され、射界の視野を良好にするために手の込んだ配慮がなされている。銃は固定銃座に据えられて単一の射線しか送れないようになっており、横からの射撃に対する準備はない。

ここでもやはり、日本軍の防御には死を決意した「奇襲」の要素が込められているから油断ならぬとの評価である。すでに本書第三章でみたように、IBの描く日本陸軍は、厳重に偽装した陣地にぎりぎりまで引きつけ、防御上の「基本的兵器」たる機関銃を浴びせ「全滅するまで陣地を守り続ける」戦法をとっていた。これが「白兵突撃一本槍」という今日の日本陸軍イメージと相当異なることは、言うまでもない。

IB「日本軍戦術」は有名なバンザイ突撃について、「もし日本軍部隊が防御陣地を追われた場合、即座に逆襲に出ることになっている。この反撃は五〇ミリ擲弾筒の弾雨とともに行われるが、高度に組織化されることも、大兵力で行われることもない。ただ、徹底的なバンザイ突撃への熱狂にうかされている」と指摘している。つまりバンザイ突撃は防御成功の可能性が完全に断たれ、かといって撤退命令も来ない局面でのいわば自暴自棄的な行動であり、最初から実行されるわけではないのである。

## 日本軍の遊撃戦術

IB一九四五年二月号「日本軍の遊撃戦術」は、四四年後半ごろの「日本陸軍の標準的戦法」となっていた「遊撃戦術――奇襲攻撃（commando raids）の日本版」について、南西太平洋・ビルマ・フィリピンを事例に解説した記事であり、太平洋戦線の米軍は「補給線の切断、後方における混乱の発生、作戦からの注意そらしを目的に行われる攪乱《かくらん》攻撃に備えねばならない」と警告している。劣勢に回った日本軍は何とか時間を稼ごうと、米軍の後方を攪乱するゲリラ戦という奇手に打って出たのである。

日本側が遊撃隊を編成した作戦上の意図は、例えばラバウルの第八方面軍司令官今村均《いまむらひとし》大将が四四年三月二五日、ブーゲンビル島の第一七軍司令官に下した命令からわかる。それは、「飽く迄堅忍不抜《までけんにんふばつ》敵に打撃を与え其《そ》の戦力の消耗を策する」べく、「多数の小部隊を以《もっ》てする遊撃戦を執拗に続行し、所在の敵に打撃を与え奔命に疲れしむる」ことであった（『原四郎追悼録』一九九三年）。ここで今村大将の意図した遊撃隊は、米軍を混乱させて疲弊を強いる消耗戦法の一環と読める。

ただし今村がこの命令を出したのは、自ら第一七軍に命じて三月一〇日から一週間にわたり実行させた、ブーゲンビル島連合軍に対する総攻撃の失敗後だったことに注目したい。今村は攻撃再興の時期は軍司令官に一任する（これはもう積極的に攻撃しなくてよいとの意味）としたものの、だからといって「座して餓死を待つことなく万策を尽くして戦闘を継続し以て皇軍の名誉を発揚し、将兵をして光栄ある死処《ししょ》を得しむるを信念とするを要す」（同書）と命じていた。

つまり、「多数の小部隊を以てする」遊撃戦は、敗退してもはや米軍に力押しの勝負を挑めなくなった「皇軍」がとにかく戦闘を続けている体裁を保ち、その面子を維持するためにも実行されたといえるのだ。

IB「日本軍の遊撃戦術」はこの遊撃隊について、「典型的な遊撃中隊は約二〇〇人の将校と兵からなり、三個小隊〔一小隊は三個分隊〕で構成される。将校の比率は例外的に高く、平均的な小隊は中尉が長となり、一二人の少尉が分隊長またはその補佐となり、兵は一八人いる。これらの任務を将校が務めるため下士官はいない。兵力の約半分はこの種の戦闘を志願した者である」と解説する。

遊撃隊の攻撃方法は、「一斉攻撃――その名が示すように、移動中の車列、夜営している移動中の部隊に対する待ち伏せ奇襲を敏速かつ一斉に行うというもの」と、「秘密攻撃

——敵の占領地域で活動するゲリラ部隊が普通に行うであろう、隠密裡に補給線を破壊する行為の日本的表現」のふたつである。

日本軍遊撃隊は必ずしも決死を意図していない。「戦闘でむやみに使い果たされるようには組織されていない」し、「任務完了後もしくは敵の勢力下にとどまることができなくなると日本軍の戦線内へ隠密裡に、もしくは水上から計画通り撤退していく」のである。

ところが日本軍遊撃隊の人的損失は大きく、その多用が軍隊としての組織維持まで危うくしていたらしいことが、三か月後に出たIB一九四五年五月号「斬込《きりこみ》隊」からわかる。

日本軍にとって戦局が厳しくなり、兵器と戦術の効果も失われていくのをみた敵司令部は「斬込隊（Suicide assault unit）」を対米軍攪乱攻撃の手段として用い始めた。

一九四四年後半、日本のある野戦軍は、将校を中核として組織されるべきだという通念に基づいて編成された斬込隊の活動により、将校の数に「甚大な損失」が生じていることに気付いた。

軍司令官は今後そのような損失を減らすために、斬込隊は二、三人の兵力で、上等兵か一等兵を長として編成するよう命じた。緊急時には一個小隊で二〇以上の斬込隊を編成できる、その組織化は多数の隊を単一目標へ同時に投じうるとみたのである。

司令官は、斬込隊員は敵〔米軍〕の状態や地形を熟知するのみならず、必勝の信念をもって出撃すべく、心の準備も行えと命じた。「小虫といえども百獣の王を倒せるのだ」と彼は言った。

この日本軍司令官がどの戦域の誰かはわからないが、彼が貴重なる将校温存のため、遊撃隊を従来の将校・下士官から兵中心に、そのかわりより多く編成して一斉投入すれば戦果も挙がるとみたのは間違いない。これは少数精鋭の合理的な遊撃戦法から「下手な鉄砲も数打ちゃ当たる」式の自棄的な戦法への転換といえる。将校を欠いた日本軍の兵が米軍から烏合《うごう》の衆とみなされていたことは本書で再三述べてきた通りで、戦果があがったとは思えないし、米側もそうみただろう。

だが、ソロモン・ニューギニアに取り残された日本軍にとって、もともとの遊撃隊編成の目的は上から言われたとおり何か攻撃をして「皇軍の名誉」を守ること以上ではなかったはずである。だから、この司令官にとっては「必勝の信念」を示して将兵に「光栄ある死処」さえ与えられればそれでよかったのかもしれない。

## 対戦車肉攻兵

戦争後半の日本軍は遊撃隊とともに、もうひとつ特異な戦法を採用していた。「肉攻兵」すなわち米軍の繰り出す戦車に対抗するために、「戦闘で戦車の弱点を衝いて攻撃するか、少人数の隊で戦車駐機場に侵入して戦車を破壊するよう組織、訓練された部隊」の組織である（IB一九四五年一月号「肉攻兵に注意せよ」【図15】）。

肉攻兵は日本軍が「有効な航空機、火砲、対戦車砲を使って相応の距離から米軍戦車を阻止することができないため、近接戦闘の工夫をせざるを得なくなった」ことから組織されたことはすでに述べた。確かに原始的ではあるが「太平洋戦争の主戦場となっているジャングルは、この決死隊にとって理想的な環境」なのも事実だった。「戦車は深い繁みを押しのけて進まねばならず、対戦車隊は容易に近づいて攻撃できる。ことに援護の歩兵隊が戦車について行けなくなったときはそうだ」ったからである。

肉攻兵の攻撃手順は、①待ち伏せた一人が対戦車地雷などの爆雷を手で投げるか、竿の先に付けて戦車のキャタピラの下へ置く→②二人目が火炎瓶などの発火物を、乗員を追い出すために投げつける→③これに失敗すれば戦車に飛び乗り、手榴弾や小火器で展視孔《てんしこう》（のぞき穴）を潰す、というものである。だが米軍戦車は常に援護の歩兵を受けているから、その実行は口で言うほど容易ではない。

一応「肉攻兵は自らも〔味方歩兵の〕援護を受けつつ攻撃する」ことにはなっていた。しかしそれは絵に描いた餅で、現実の肉攻は兵を自爆させてその命を戦車と交換する戦法に他ならず、そのためこれを命じられた日本兵たちの士気は下がってしまった。

兵士が戦車足止めのために犠牲とされる。ビアク島で、日本兵が戦車正面の道路に横たわっていたのが見つかり、撃たれると体に結び付けられていた対戦車地雷が爆発した。中部太平洋の日本兵捕虜は、自分の任務は前進する戦車によじ登り、爆雷を爆発するまで車体側面に押さえつけておくことだったと述べた。彼はこんな異常な任務は認められないと言っている！（前掲IB「肉攻兵に注意せよ」）

**図 15**

これらが事実とすれば、日本軍の

教範だけみていてはけっしてわからない対戦車戦闘の実態といえよう。とはいえ米軍は、この日本軍戦術を〈狂気〉の産物と片づけて軽侮することはけっしてせず、次のように「評価」していた。

米軍の戦車戦術を無効化しようとする日本軍の試みは概して効果がない。日本軍は肉攻班の使用により、おのれの弱点を自ら認めているのだ。よって、日本兵が突然戦車へ突進してくるとき、彼は〝天皇のために死のうとする愚か者〟とは限らない。彼はいかなる手段を使ってでも戦車を撃破する任務のため、特別に訓練された兵士かもしれないのだ（同）。

現代の我々にとって日本軍兵士の突進行動は一見、愚か、狂気そのもののようにみえる。しかしそれは、戦車撃破が戦勝の前提だと学んでいるのに対戦車兵器を実用化できないという「おのれの弱点を自ら認めて」補うべく、軍が〈合理的〉に選択したものである。これを米側から見れば戦車阻止という目標達成のための戦術のひとつに他ならず、したがって脅威である。この一文はそのことを忘れ、侮ってはならぬという警告だろう。

## 精緻化される対戦車攻撃

IB「肉攻兵に注意せよ」の五か月後に刊行されたIB一九四五年六月号「対戦車近接戦闘」では、さらに高度に「体系化」されたという日本軍対戦車肉迫攻撃のフォーメーションが次のように説明されている。

日本陸軍の工兵学校で体系化された肉迫攻撃の手法が作られ、訓練された部隊による協同攻撃が唱えられている。ある情報源によると、この部隊は六〜九人の兵と指揮官からなり、二、三人からなる三つの班に分割される――無力化班、履帯《りたい》〔キャタピラ〕攻撃班、爆破班である(【図16】)。
戦車との交戦に先立ち、肉攻隊の隊長は部下を可能な限り広く、縦深をとって配置する。典型的な配置は逆V字形で、進んでくる戦車の正面に無力化班を置き、その右後ろに履帯攻撃班を、左後ろに爆破班を置く。隊長はこの布陣の真ん中に位置する。各群間の距離は三〇ヤード〔二七・四メートル〕である。

この対肉迫攻撃法の手順をIBの記述より要約すると、①まず無力化班が発煙弾や火炎放射器で戦車の視界を奪い、速度を低下させる→②履帯攻撃班が棒に取り付けた地雷・爆雷

図 16

を戦車片方のキャタピラ下に差し出し、爆発させて機動力を奪う→③爆破班が爆雷（「純然たる自殺兵器」の刺突《しとつ》爆雷《ばくらい》を含む）で戦車の装甲を破り乗員を殺害する、となる。

IB「対戦車近接戦闘」はこの肉迫攻撃について「危険であるが、適当な歩兵あるいは別の戦車に支援された戦車に対しては効果がない」「日本軍もこのことを認識し、肉迫攻撃班を〝直接射撃により米軍の随伴歩兵を四散させ、展視孔の視界を奪う〟ことで支援せよと述べている」と評している。つまりその実行は口で言うほど簡単ではないのだ。

同記事の末尾は「日本軍の歩兵教官アワジマ少佐は日本軍の苦境を次のようにまとめている。最近の敵戦車の増強と我が補給の不足により、対戦車兵器の改良と増加が困難になっている。しかし、対戦車攻撃の強化は続けねばならない。規則集、解説書に肉迫攻撃の原則は明示されている」という一文で結ばれている。意外にも、戦争末期の日本軍将校が有効な対戦車兵器を作れない苦境を自ら認め、弱音を吐いていたことがわかる。

しかしこの陸軍中央が作った肉攻の「規則集、解説書」はやがて対米戦場の現場で応用されていくことになる。これについては、後ほど沖縄戦を事例に述べることにしたい。

## 巧妙な撤退戦

戦争後半のアジア・太平洋戦線は悲惨な全滅、玉砕戦の印象が強く、それはけっして間違っていない。ただ、米軍情報部が一九四五年のビルマ戦線で日本陸軍がみせた撤退戦術にも注目していたことは指摘しておきたい。IB一九四五年五月号「中部ビルマにおける日本軍の撤退戦術」は日本軍のとった撤退戦術について、

一九四四年の後半、中部ビルマの日本軍は一年間の北部ジャングルの戦いで激しく打ちのめされ、チンドウィン川からシュエボ村〔戦略的要所マンダレーに北から至る集落〕への撤退を開始した。追撃する英印軍に圧迫された日本軍は、巧妙に選ばれた足止め陣地の小部隊に有効な後衛行動をとらせることで、その退却を防御した。

この小戦闘を通じて特筆されるのは、敵が決然たる自殺行動を止めたということである。その代わり、日本の後衛隊は昼間は連合軍の前進を妨害し、夜間にその足止め用陣地が完全に包囲されたとしても、大きな損害を被ることなく撤退していく能力を示した。この活動により、日本軍部隊のかなりの割合が孤立化、その結果としての壊滅を免れている。

とその手際の良さを評価、特に「決然たる自殺行動を止めた」ことに注目している。

この撤退戦は少数の殿《しんがり》部隊を残してその間に主力が後退するというものであるが、そ

のプロセスを要約すると、①殿部隊は敵軍足止めのため有利な地形を選んで陣地を造り、外側に外哨を置く→②外哨は連合軍の前衛が来ると発砲して足止めし、包囲される前に主陣地へ戻る→③英軍の隊列が主陣地の射程に入ると集中射撃を行うことも陣地の位置がわからないよう射撃を控えることもあるが、いずれにせよ包囲される前に撤退する→④撤退は夜間。機関銃手か狙撃兵を残して明け方まで発砲させ、陣地が依然占拠されているかのような印象を与える→⑤撤退後、三、四人の集団に分散して道路を下り集合する→⑥ここで再び隊列を組み、次の抵抗のため選ばれた陣地へと向かう、というものだった。

日本軍の「玉砕」戦法は陸海ともに完全に包囲されて逃げ場を失った小島嶼《しょうとうしょ》で実行されたものであり、ビルマのように広漠な土地では日本軍も後退しようと思えばできたのである。その意味で〈日本軍＝玉砕の軍隊〉という決めつけはいささか妥当性を欠く。ただし、ビルマ戦線でも降伏は厳禁であり、完全に包囲された部隊が「玉砕」に至った（一九四四年九月拉孟《らもう》・騰越《とうえつ》）り、守備隊指揮官個人に敗北の責任を取らせる形で死守を命じ、その間に部隊を撤退させた史実（四四年八月ミートキーナ）を無視するものではない。

以上、本節でみてきた日本陸軍の戦法は、米軍の阻止という目的に限っていえば、〈合理的〉といえなくもない。将校不足という現実に対処するため兵を斬り込みに投入したり、精神論を振りかざすのも、勝つ、あるいは負けないために他にとるべき手段がないのなら〈合理的〉ではないだろうか。IBの諸記事からみてきたように、米軍がこれを脅威視していたのならなおさらである。

このことを無視して「日本陸軍は非合理的でファナティックだ」などといくらレッテルを貼ってみたところで、ではなぜ日本軍がそのような作戦に打って出たのかという問いへの答えは導き出せないだろう。実際には、当事者たちが合理的だと思ったからこそ、そのような挙に出たのである。ただし、私は〈合理的〉だから正当だったなどと主張したいのではない。問題は合理性の中身であり、ごく狭い意味での〈合理性〉実現のため多数の人命が平然と犠牲に供されたことまで正当化することはできない。

## 2　フィリピン戦

### レイテの洞窟戦法

米軍のフィリピン奪回戦の皮切りとなったのは一九四四年一〇月二〇日、四個師団の兵力によるレイテ島東岸への上陸である。日本からすればフィリピンの喪失は南方資源地帯との交通を完全に断ち切られることになるので、何としてもこれを守り抜く必要があった。同島に上陸した米軍もまた、日本軍守備隊の洞窟戦法に遭遇した。

日本軍が見晴らしのきく位置にある洞窟や大岩のなかに穴を掘って入るなど、著しく荒れた地形に妨げられた〔島内陸部の〕ダガミの戦いが示すように、レイテで掘開式陣地は幅広く用いられていた。攻撃した稜線の一つは逆斜面が深い洞窟で穴だらけになっており、別の攻撃ではトーチカ洞窟が非常に巧妙に偽装されていることがわかった。別の陣地には三〇以上のトーチカがあった。それらは木の根本に掘られ、全周囲に開口部を持ち、互いにトンネルでつながっていた。主要な要塞群は塹壕で結ばれたタコ壺、トーチカ、トンネルで結ばれた洞窟からなっていた（IB一九四五年八月号「日本軍、穴に籠もる」）。

のちの硫黄島、沖縄と同じく地下陣地に立て籠もって米軍の砲爆撃をやり過ごす戦法がレイテでもすでに一定規模で実行されていたこと、それが米軍の目を引いたことがわかる。

さらに、次の米従軍将兵たちの証言は、レイテ日本軍守備隊が従来の水際撃滅方針を放棄して米軍を上陸させ、空爆・艦砲射撃による支援を封じてから叩く→さらに内陸部へ後退して前記の洞窟陣地群に拠り、長期間敵を阻止するという一連の作戦計画を実行していたこともうかがわせる。

軍曹が「海岸にトーチカがあった。いくつかにはペリスコープ〔展望鏡〕があり、相互に塹壕で連絡していた。中の者は抗しがたくなれば塹壕を通って別の所へ後退することができた」と言った。日本軍は浜辺の一区画から後退するとき、激しく迫撃砲を浴びせてきた。ある中隊長は「この射撃は特にトウモロコシ畑や水田に激しく行われた。明らかに退却は計画的なもので、我々の上陸以前に開豁地はすべて迫撃砲と火砲により照準、試射が行われていたのだ」と言った。(IB一九四五年三月号「レイテの歴戦者、日本軍を語る」、傍点引用者)

この水際での敵撃滅放棄→長期抵抗の持続方針を裏付けるように、ある米歩兵軍曹は「海岸を襲ったとき、さほど抵抗はなかった、いつものように狙撃兵と遭遇したことを除いて」と証言している(同「レイテの歴戦者、日本軍を語る」)。軍曹は続けて「ただ一つ違いがあり、狙撃兵に狙われた者たちは肩や尻を、無力になる程度に撃たれていたが、殺されはしなかった」と述べた。彼はこれを「彼らは殺すのではなくわざと負傷させるように指示されていたのではないか。一人負傷兵が出れば二、三人の手当てする兵が要るからだ」とみていた。

米軍将兵たちはこれらの日本軍戦法を「レイテの日本軍はいつものように狡猾《こうかつ》だった。使われたのは古臭い戦術と策略だったが、中には新しいものもあった」と評していた。狙撃してもあえて殺さずに敵の負担を強いたことも、新しい「策略」のひとつだったのだろう。レイテ島東岸→内陸でこれらの〝新戦法〟をもって米軍を迎え撃ったのは第一六師団であったが、衆寡《しゅうか》敵せず壊滅してしまった。ここで日本軍が増援として一〇月三一日〜一一月一日にかけて同島の西岸へ上陸させたのが、はるばる満州の関東軍から派遣された第一師団である。

## 首折り稜線の攻防

第一師団はレイテ島西北部のリモン峠で島の西岸から進攻してくる米軍と激突、峠上に陣取るという地の利を得たこともあり、火力と兵力に勝る米軍を約二か月にわたってよく阻止した。

IB一九四五年四月号「首折り稜線——日本軍防御戦術の教訓」は、「レイテ島オルモック渓谷の丘の切れ目にある首折り稜線で戦った日本兵」すなわち第一師団に対し、「それまでの太平洋の戦いで得ることのなかった日本軍戦術に関する教訓を得た。去る一一月の一二日間、彼らは自らがよく統制され巧妙に防御戦を戦う能力のある日本軍部隊であることを示した。戦闘は天皇のための死という強固な決意ではなく、適切な戦術上の教義に基づいていた」ときわめて高く評価している。

この記事で、米軍歩兵連隊長の大佐（*）は「敵と交戦した者は皆、戦闘の優秀さに感銘した」、「無思慮な突撃、無意味な犠牲、戦術上の原則違反はほとんどなかった」し、「敵の顕著な特徴は射撃規律の優秀性とあらゆる武器の統御にある。敵の射撃は例外なく最大の効果が見込めるその瞬間まで控えられた」と第一師団の戦いぶりを絶賛する。

例えば一一月五日、米軍歩兵連隊はある村の南の高地を確保すべく前進したが、その地域を占拠していた日本軍は完全に偽装した陣地に籠もって米軍の通過を許し、後方から射撃したという。

大佐はこのような第一師団の粘り強い防御戦闘の特質について、①日本軍陣地を単に包囲しただけでは退却しないので、接近戦を繰り広げ完全に一掃する必要があったこと、②午後に抵抗し、米軍側の気力・弾薬が尽きかけた暗くなる前に逆襲するので、米軍攻撃部隊を萎縮・混乱させるに足る大火力を発揮できたこと、③「バンザイ突撃」と呼ばれる「おなじみの甲高い、ヒステリックな突撃」はほとんどなかったことなどの諸点をあげている。すくなくともレイテの日本軍は「玉砕」それ自体を目的化することなく、米軍の阻止という目的達成のため粘り強く邁進していたのである。

もちろん米軍は猛砲撃で日本軍を殲滅しようとする。だが日本軍は、米軍大佐が「攻撃された地域はすべて適切に防御されていた。〔地形を足首に喩《たと》え〕〝爪先〟の部分に射撃台や射撃陣地があり、奥の〝かかと〟はこちらの火砲や迫撃砲が撃っている間の退避用に使われた。敵の火砲は掩《おお》い付きの砲座にあってよく偽装され、砲の後ろの洞窟は砲手を防護した」と述べたように、砲撃を地下陣地に籠もってやり過ごしていた。だからこそ長期間持ち堪えることができたのである。

同じくレイテ戦に参戦して負傷し、歩いて味方の部隊に戻るまでの二日間を日本の戦線内で過ごしたというある米軍中尉は、日本軍防御が十分に組織化されていたと報じた。「銃砲は正斜面に置かれ、砲弾や迫撃砲弾が近くに落下すると銃砲手たちは静かに武器を棄てて明らかに準備された道を通り、反斜面の防護された陣地へと移動するのだった。彼らは米軍の射撃が止むとすみやかに元の位置へ戻った」のである（IB「首折り稜線——日本軍防御戦術の教訓」）。

【図17】はIB一九四五年四月号の表紙で、「レイテ作戦時、首折り峠に進んでくる米兵に対し、側方逆斜面の機関銃座から射撃準備する日本兵」との解説がある。こうした日本軍将兵の冷静な行動は、満州における長年の訓練の成果であろう。

（＊）大岡昇平『レイテ戦記』（一九七一年）に登場する米陸軍歩兵第二一連隊長ウィリアム・J・ヴァーベック大佐とみて間違いない。彼の「敵の顕著な特徴は……」の記述は同書にも引用されている。

図 17

## レイテ島の「卑怯な日本軍」

第一師団はこうした陣地に籠もっての抵抗以外にも多様な防御戦法をとっていた。IB「首折り稜線――日本軍防御戦術の教訓」によると、同師団は首折り稜線の防衛にあたって狙撃兵を米軍の後方に侵入させる手も使っていた。日本軍狙撃兵は（IBのニューギニア戦線に関する記述とは違って）一人で樹上にいることはなく、地上を三、四人で行動していたという。彼らは「集団で行動することで一度に一定量の火力を発揮できた。特に前線の後方ではそうだった。個人を狙うときは、無意味に位置がばれないように一人だけが発砲した」とされる。

この米軍の記述をみるに、四四年末の日本軍は狙撃兵用法も実戦の過程で進化させていたといえるだろう。IB同記事には「日本軍歩兵は多くの米軍装備を捕獲して使っていたが、狙撃兵は日本の照準眼鏡付き小銃だけを使った」とあり、前出の米軍大佐は「射撃は恐ろしく正確だった」と評した。

ただ、こうした正面切っての勇戦力闘とは異なる戦法もレイテの日本軍は使っていた。IB一九四五年三月号「レイテの歴戦者、日本軍を語る」は、「戦闘が落ち着いた後、我々はあらゆる欺騙を使う日本軍と遭遇した。あるとき、丘の頂上で日本軍が白旗を振り出した。我が方が射撃を止めると、彼はこちらへ来いと言った。兵が立ち上がると丘の麓《ふもと》に隠れていた敵が発砲した」(米軍中尉)、「何人かの日本兵が降伏するかのように泣きわめきながら近づいてきた。十分近寄ったところで立ち止まり、手榴弾を投げてきた。ドゥラグでは三〇人ほどの日本兵が同じように陣地へ近づいてきたが、フィリピン女の服を着ていた。水牛を我が方の前哨へと追い立て、その後を付いてきたこともあった」(同軍曹)との証言を収録している。これらはのちに米陸軍対日戦パンフレット『卑怯な日本軍(*The Punch below the Belt*)』(一九四五年)へも転載されるに至る事例で、けっして誉められた戦法ではない。

また、この米軍軍曹は「日本軍はドゥラグ付近で木の上に遠隔操作の機関銃を仕掛けた。操作する日本兵は七五ヤード〔六八・六メートル〕離れたところのタコ壺の中に隠れていた。道路を進んでくる我が軍に狙いを付けていた」と、その工夫を凝らした待ち伏せ戦法を紹介している。

IB「レイテの歴戦者、日本軍を語る」はこの他にも、日本軍のヤシの実に火薬を詰めた仕掛け爆弾、飛行場近くに仕掛けた仕掛け線と手榴弾製の罠、ピストルに仕掛けた爆弾（兵の手が吹き飛んだ）などを紹介している。座談会は米歩兵の「ああ、日本兵はちっとも弱体化なんかしていない」との嘆息で終わっている。日本軍が安易な突撃と「玉砕」を選ぶような軍隊ではなく、彼我の兵力・火力差を少しでも埋めようとなりふり構わぬ工夫に打って出たことは、米軍将兵に今後の長期戦をあらためて覚悟させたのである。

### 陶器製手榴弾

IBは日独軍新兵器の調査報告も多数掲載している。ドイツ軍新兵器が強力な重戦車などであるのに対し、日本軍のそれは前出のヤシの実爆弾など即製兵器がほとんどであるのは残念である。例外的にIB一九四五年三月号「〔レイテ島〕オルモックで捕獲した新兵器」は「日本の軍需工業最新最良の製品」について報告している。具体的には「日本軍砲兵隊唯一の一流兵器」として対戦車砲にも転用された九〇《きゅうまる》式野砲などであるが、これと同じ記事で、原始的というべき陶器製の手榴弾（【図18】）が紹介されているのは興味深い。

この陶器製手榴弾は現在、日本軍の物資不足、ひいては戦争の愚かさの象徴として批判的にとりあげられることが多い。それは「極めて威力が弱く、実際に敵を殺せたかは甚《はなは》だ疑問」（山本達也他『日本の陶器製兵器1　陶器製手榴弾』二〇一〇年）とされているからでもある。

図18

しかし、それではなぜ日本軍がこのような兵器をわざわざ作ったのかは、史料不足のためよくわかっていない。

米軍は同弾について「相応に炸裂はするものの破片効果（＊）は皆無なことから、完全な震駭《しんがい》兵器（concussion weapon）である」と解説している。彼らの見方に従うなら、この手榴弾は夜間米軍陣地に突入する際、米軍兵士の動揺を誘うために大きな音と火焔をあげて炸裂すればそれでよく（日本軍は爆竹などをこの目的で使っていたという）、殺傷効果などは最初から期待されてはいなかったのではないだろうか。

（＊）手榴弾は炸裂後に鋭い破片が高速で飛散することで殺傷

効果を発揮する。

## ルソン島の洞窟戦法

かくも激しく抵抗した第一師団も一九四四年末には力尽きて隣接するセブ島へ退却した。米軍は翌四五年一月に首都マニラのあるルソン島に上陸、終戦まで戦いが続いた。米軍がのちに「敵はルソン、硫黄島、沖縄、すべての作戦において、自軍にとっては最大限の防御を、同時に我が軍にとっては最大限の困難をもたらす陣地を開発し、どれだけ抵抗を長引かせられるかを学んだのである」と評価した（IB一九四五年八月号「日本軍、穴に籠もる」）ように、ルソンの戦いは本格的な日本軍洞窟持久戦法の皮切りであったといえる。

同記事には日本軍がルソン島に構築した「地下要塞」（【図19】）についての描写がある。

〔ルソン島〕バンバン―ストッセンバーグ丘の日本軍の要塞は、南西太平洋で遭遇した洞窟・トンネル防御の中でもっとも精緻で広大なものであった。地形は急な稜線と深い峡谷を備え、防御上理想的であった。銃座は互いに支援して接近路をカバーしており、攻撃側の米軍はほとんど遮蔽物を得ることができなかった。

深い森、籐《とう》のやぶそして下草に覆われたキング山の一〇〇〇フィート〔三〇五メートト

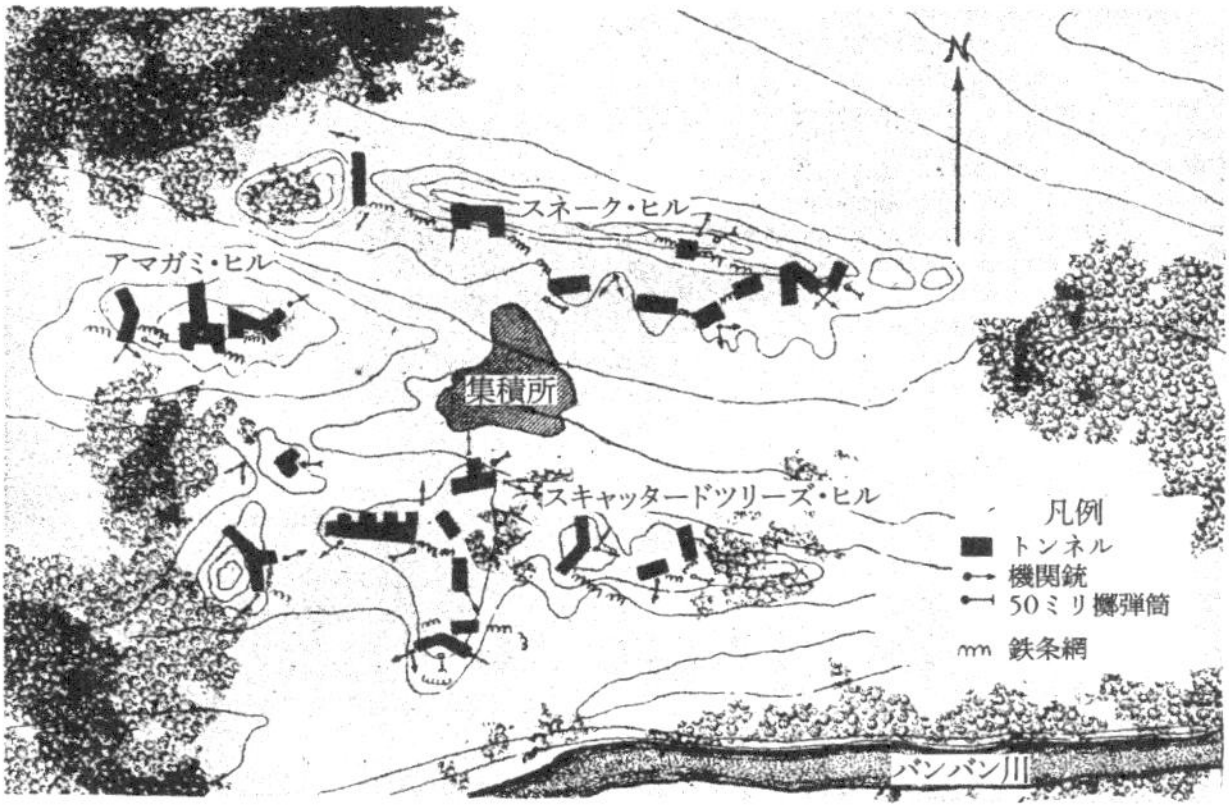


図 19

ル」の稜線は機関銃と手榴弾により守られ、近づくのはほとんど不可能にみえた。隠蔽された陣地の位置は近距離からでしか発見できなかった。しかも洞窟とトンネルは互いに支援し、さらに側背部高地の地中にある砲の射撃で防護されていた。

米軍はルソン島の別の地域でも日本軍の構築した「精緻な防御システム」に遭遇した。サンバレス山麓の丘に「鍵となる地形の特徴を慎重に利用して」造られた陣地の「丘はトンネル、トーチカ、銃座で文字通り穴だらけになっていた」。そして「トンネル、塹壕、銃座は巧妙に隠された歩行通路でつながっていた。加えて、これらの陣地と丘のより深いところにある類似の陣地を道路網が結んでおり、敵にとっては進退路となっていた」というものだった。

米軍は日本軍がこうした「穴籠もり戦法」をとった背景について、「直接的には純粋に防御的役割を強いられているという、日本軍のより現実的な自覚に基づく」と指摘した。自ら防御に徹して山がちの地形にトンネル網を造って砲爆撃をやり過ごし、敵を引き寄せて猛射を浴びせる「より現実的な」戦法は硫黄島・沖縄各守備隊の「創案」ではなく、これに先立つフィリピン諸島の持久防衛戦ですでに実行されていたことがわかる。

## 日本側からみた米軍戦法

IB一九四五年七月号「米軍とどう戦うか――日本軍指揮官の激励演説」は、四五年一月下旬、ルソン島の丘陵地帯に退却したある日本軍の大隊長（少佐）が部下に行ったという、米軍戦法とその対抗法についての訓話の紹介である（日本兵捕虜の証言か捕獲文書、あるいはその両方で構成した記事とみられる）。少佐は米軍戦法を準備砲撃→前進と包囲→最終突撃の三段階に分類し、部下に説明を試みた。彼の話から米軍戦法の〝怖さ〟がわかる。

米軍は我が日本軍を全滅させようと「幅・奥行き二〇〇ヤード〔二七四メートル〕」の丘陵陣地を無力化するためだけに、三日間にわたり何千発もの砲爆弾を浴びせる」ほどの猛烈な砲爆撃を加えてくるだろう。続いて米軍戦車・歩兵が砲爆撃の支援のもと、目標の四〇〜五〇ヤード〔三六〜四六メートル〕手前まで進んでくる。そこで彼らは壕を掘り、我が陣地を包囲するまでじりじりと進んでくる。戦車はトーチカとして用い、我々を包囲して殲滅するまで締め上げる。米軍は実際の突撃発起地点に到達すると、火炎放射器や手榴弾、擲弾銃で攻撃してくる。レイテでは近接戦闘が行われた戦例もある。

しかし戦車が我が対戦車砲の射程外に陣取り、不意撃ちを浴びせてくる。戦車は対戦車砲を始末したうえで我が陣地に侵入、近接戦闘を阻止するだろう。

これに我が軍はどう対抗するのか。敵の砲爆撃中は洞窟に入って一兵たりとも損失しないようにして、敵歩兵が有効射程内に到達したら各火器を配置する。標識を最終防衛線の五〇ヤード〔四五・七メートル〕前方に置き、敵がそこまで来たら直接射撃する。小銃、擲弾筒、軽機関銃は目標が前方二〇〇ヤード〔一八三メートル〕より手前に来るまで撃ってはならない。その他の機関銃は三〇〇ヤード、機関砲・対戦車砲は五〇〇ヤード〔四五七メートル〕である。

少佐は、洞窟陣地を強化して砲爆撃の犠牲を減らすのは大事だが、だからといって包囲・近接戦闘を放棄すれば物量にまさる米軍に勝利する機会はほとんどないと警告した。

結局、この日本軍大隊は洞窟陣地を放棄して敗退したのだが、米軍にとっても彼らとの戦闘は「米軍のルソン解放戦でもっとも激しい戦い」であった。

では、勝敗の鍵を握る厄介な米軍戦車はどう始末するのか。少佐は明言していないことだが、日本軍は前出の「肉攻兵」に頼るしかなかった。

同じころ米軍が捕獲した日本軍戦訓報告書の要約（IB一九四五年四月号「日本軍報告書――グアムの米軍戦術」）によると、グアムの日本軍守備隊は米戦車に対して「（対戦車）肉攻隊（suicide 〈antitank〉 unit）」を繰り出した。戦車に生身の歩兵が肉迫して爆発物を投じ撃破するのである。ところが同報告書は「米軍は肉攻隊を発見すると近寄ってこないが、代わりに我が軍を全滅させるまで砲撃を続ける。多くの場合、我が軍の攻撃開始前に米軍が砲撃の主導権を握ってしまうので自殺攻撃の機会は稀《まれ》である」と報じており、一方的な火力を誇る米戦車に近づくこと自体、困難を極めたことがわかる。

むしろ同報告書が「守備隊、火器、肉攻隊ともに米軍の砲撃に誘われて発砲を開始、結果的に位置を暴露してはならない。秘匿した陣地からの急射、奇襲に徹するべきだ」と指摘したところからみて、肉攻隊のほうが米軍の罠にはまり撃破されてしまっていたようだ。結局、戦車を始末できないから洞窟陣地の抵抗も失敗するのである。

## 戦車も加わったバンザイ突撃

洞窟戦法以外のルソン戦の特徴に、日本陸軍も戦車一個師団（戦車第二師団）という本格的な機甲戦力を投入したことがある。IB一九四五年六月号「日本軍の市街地防御――戦車も加わったバンザイ突撃」は、四五年一月にルソン島サンマニュエルで交戦した日本軍戦車隊の戦いぶりを以下のようにまとめている。

サンマニュエルは「歩兵大隊、砲兵大隊、そして戦車師団から来た多様な部隊を含む八〇〇～一〇〇〇人の日本軍により陣地化されて」おり、「約四〇両の中戦車と五両の軽戦車に加え、日本軍は牽引車付き一〇五ミリ手榴弾砲六門、七五ミリ砲七門、四七ミリ対戦車砲二門、多数の機関銃と迫撃砲を持っていた」。

「日本軍少将の指揮するサンマニュエル防衛隊には死守が命じられた。これは、いつもの決死的頑強さを、優秀な射撃規律によってさらに強化したうえで実行された」。

対する日本側の記録によると、サンマニュエルを「死守」していたのは重見伊三雄《しげみいさお》少将率いる戦車第七連隊基幹、戦車三四両を有する支隊だった（『戦車第七聯隊史』一九九二年）。

市内に侵入したアメリカ軍は「市街地内五〇ヤードまで侵入することができたが、そこで機関銃と小銃の激しい十字砲火に阻止された。戦車に支援された逆襲が米軍を村の外へ追い返した」。翌日、米軍歩兵は村内に足がかりを確保、その後四日間、日本兵を家から家へ、砲台から砲台へと南の角に向けて追い詰めていった。対する日本軍は「アメリカ軍の前方陣地を妨害するため、斬込隊が活発に活動した。刺突爆雷、吸着爆雷を持った決死隊が米戦車に向けて投入され、多数が破壊された」。

しかし米軍に村南部の防衛線を突破された日本軍はその夜、隊形を組み直して絶望的な「バンザイ突撃」を実行した。「長い準備行動の後、一三両の戦車がそれぞれ歩兵に支援され、三派にわたって攻撃を行った。五〇口径機関銃、バズーカ、対戦車砲、火砲の同時射撃が一〇両の戦車を撃破して突撃を破摧、生き残りを退却に追い込んだ。この攻撃で主要な抵抗は終わり、米軍歩兵はその後サンマニュエル村を掃討、確保した」。

日本軍が夜間突進し、待ち構えていた米軍の火力に粉砕されるというガダルカナル島での図式が、ルソン島でも再現される形となった。

米軍は、IB一九四五年八月号「ルソンの戦車戦――日本軍戦車師団に対する指示」のなかで「一月二七、二八日のサンマニュエルにおける大規模な反撃は、歩兵が戦車に跨乗《こじょう》〔車上に乗って〕して戦ったのが特徴であった。戦車の夜間機動作戦の統制が非常に困難なのは、特に日本の戦車に無線装備が付いていない点からみて、自明である。しかし日本軍は戦車を歩兵と同じように夜間――好んで戦う時間だ――に用いることに固執した」、つまりただでさえ視界の狭い戦車に夜間戦闘をさせたのは無謀と批判した。

ではなぜ重見支隊長は自ら残存戦車一一両の先頭に立ち、かくも無謀なバンザイ突撃を敢行したのだろうか。『戦車第七聯隊史』によると、「期待していた撤退命令が来ない以上……この儘《まま》座して全滅を待つより、潔く総攻撃を敢行し、玉砕することによりサンマニュエル死守の任を完《まっと》うす」るためであった。同書は撤退命令が来なかった背景として、それまでの戦闘方針をめぐる重見と上級司令部との感情的対立をにおわせている。

米軍は重見の戦車用法の妥当性に批判を呈したが、彼からすればもはや死ぬこと、「玉砕」自体が目的だった。彼自身は戦車の専門家で、戦車の夜間機動に固執する上級司令部の古い観念に不満を持っていたというから、突撃には抗議の意味もあったろう。総攻撃で生き残った支隊の兵は撤退命令が出ていないというので師団主力への収容を拒否され、容赦なく前線に追い返された。ある部隊が「玉砕」するに至るまでにはこうした複雑な経緯があり、そこを無視して〈日本軍＝玉砕の軍隊〉と決めつけ話を終わらせるのは当を失する。真に批判されるべき日本軍上級司令部の冷酷な統帥ぶりが見失われるからだ。

## 止められたバンザイ突撃

このように、ルソン島の戦いでも米軍が「バンザイ突撃」「集団自殺」と呼んだ無謀な戦法が実行されたのは事実である。けれども米軍はフィリピン日本軍の作戦方針について、これを禁止する動きも感知していた。例えばIB一九四五年九月号「止められたバンザ

イ突撃――改善された日本軍戦術」では、

日本軍の高等司令部は、追い詰められた部隊が集団自殺を遂げるのをしだいに憂慮するようになっている。もちろん公式な名称は集団自殺ではなくバンザイ突撃である。名前はどうあれ、初期の作戦の特徴となった熱狂的突撃の結果は日本兵の死体の山であった。おそらく兵に狂信的な勇猛さを求める訓示や命令の効き目がありすぎたのだろう。こう考えたフィリピンの日本軍高等司令部は自動火器、火砲の支援を欠いた大規模夜間攻撃を止めさせている。

と観察していた。同記事によると、レイテ島防衛を任された日本軍部隊（部隊名記載なし）も「防御戦闘は本来積極的、攻撃的でなくてはならない。しかし準備を欠いた性急な大規模反撃は敗北に終わりがちで、その後の戦闘の妨げとなるので避けねばならない」という命令を発したし、「同じ指揮系統の下級司令部もまた、バンザイ突撃に対し同じように諭している」という。将校たちは「天皇のための死よりも生きることの必要性を説きはじめ」、ある大隊（同）は「我々の生の哲学は死ではなく、任務達成の度合いによって解決される」と無謀な玉砕戦法を戒め、生きて徹底抗戦するよう兵に求めたのであった。いずれも日本兵捕虜の証言や捕獲文書から入手した情報とみられる。

米軍は在フィリピン日本軍がある程度までこの方針を守り、「敵の第一線師団は直背部隊の機関銃のみならず迫撃砲、火砲と連携した夜間反撃を試みている。日本軍は特定目標に迫撃砲、火砲を集中する我が方のやり方を露骨に真似て、そのうえで歩兵が侵入してくる」と評価していた。米軍のみた日本軍は夜襲においても「支援火力の強化」という改善策をとっていたのである。

ただし、「支援部隊、雑多な部隊が前線に投入された場合には、準備砲撃も背後の部隊との連携も欠いたバンザイ突撃が依然として実行されている」とも報じられていた。この見方に従えば、バンザイ突撃が行われたのは、歩砲の協同攻撃を行う技量を持たぬ即製部隊が前線に投じられて追い詰められ、進退窮まった場合の話ということになる。

レイテ作戦の日本陸軍第一師団が「バンザイ突撃と呼ばれる典型的な絶叫調の突撃」をまったく行わなかったことは先に述べたが、前出のIB一九四五年九月号「止められたバンザイ突撃」によると、ルソン島でも「大部分の作戦を調査すると、戦車師団のみならずその他の二個歩兵師団による夜間の逆襲は、そのかなりの割合がよく計画され連携したものだった。しかし戦術的状況が絶望的になると、これらの部隊もバンザイ突撃に転じる傾向があった」とされる。やはり、バンザイ突撃は師団レベルの戦術として最初からそれ自体を目的として選択されていた戦法ではないのだ。

IB「止められたバンザイ突撃」は以上の考察から「敵の高等司令部が自動火器や火砲の支援を欠いた歩兵の夜間攻撃は無謀と完全に認識しているのは明白」と結論づけている。確かに「基地警備隊や支援部隊、そして正規部隊でさえも、状況が絶望的になると依然として深く身に染みついているバンザイ突撃の伝統に立ち戻っている」のだが、米軍が一九四五年、ルソン島での一連の戦いを通じて、日本軍における「ファナティック」な「バンザイ突撃」、「玉砕」の放棄という戦術上の変化を感じ取ったのは間違いない。

従来、日本陸軍の欠陥と指摘されてきた火力運用の拙劣さについても、同記事は「ルソン戦における夜間反撃の大部分、特に正規の師団のそれは自動火器、火砲の支援を受けていたとされる」と改善の動きを再三にわたり警告していた。米軍にとって対日戦はいよいよ楽ではなくなってきたのである。

## 3 硫黄島・沖縄戦

### 硫黄島の準備は万全だった

硫黄島の戦い（一九四五年二〜三月）は、従来の水際撃滅を放棄した日本軍が地下トンネルに籠もって徹底抗戦した結果、B－29による本土爆撃の中継基地獲得を目指して上陸した米軍の死傷者数が日本軍のそれを上回った、ガダルカナル戦以降、唯一の陸戦として知られる。地下陣地による抵抗が硫黄島守備隊の「独創」とはいえないことは先述したとおりだが、同島日本軍の戦いぶりに対する米軍の評価はどのようなものだったのか。

IB一九四五年七月号「硫黄島の準備は万全だった──日本の防御計画」によれば、日本軍にとって「サイパン、テニアン、グアムで得た多くの教訓は、「水際撃滅」という島嶼防衛の原則を逸脱するもの」、つまり島を目指して進んでくる米軍上陸部隊を水際で撃滅しようと砲撃しても、逆に陣地の位置を特定されて米軍の支援艦砲射撃や空爆に叩かれるから不可、と教えるものであった。日本軍守備隊はこれに学び、いったん米軍を上陸させて支援砲爆撃を封じたうえで銃砲撃を集中、撃退する戦法に切り替えたのだった。このことが硫黄島の戦いを激しいものにした。

IB一九四五年八月号「日本軍、穴に籠もる」は同島での戦闘について「日本軍の戦術を概して言うと、〔米軍の〕弾幕射撃の間は地下に潜み、そして前進する〔米軍〕部隊を射撃するため地表へ出るというものだった。攻撃側が一時的に釘付けにされると、数名の銃手をその背後に残し、多くの兵はトンネルを通って退却する。米軍が陣地を奪取するとわずかな死体しか残っておらず、部隊の大部分はすでに別の洞窟に退いている、この繰り返しであった。今でも硫黄島全体の洞窟に敵の四散した小部隊が残っており、個別に処理せねばならない」と味方が翻弄《ほんろう》され、苦戦した様子を描写している。

日本軍守備隊にかくも執拗な抵抗を可能にさせたのは、将兵がすさまじい辛苦のすえ島中に張り巡らした洞窟陣地であった。「日本軍は荒れて岩がちの地形に既存の洞窟に改善を加え、山、火口、丘の壁面や斜面に新しい洞窟を造った。人工の洞窟は深さ三〇〜四〇フィート〔九・一〜一二・二メートル〕にあり、階段、交差した回廊、通路を完備していた。広さ四〇〇×五〇〇ヤード〔三六六×四五七メートル〕のある地域には一〇〇以上の洞窟が用意されていた。蜘蛛の巣状に掘られたタコ壺も巧妙に利用された」。まさに「穴掘り屋」の本領発揮である。

## 硫黄島の日本兵手記

IBにおける硫黄島戦の分析は、同島を攻略したのが陸軍ではなく海兵隊だったためか、かならずしも多くない。ただ、IB一九四五年九月号「日本兵の日記」は同島守備隊の日本兵が〝オフレコ〟で書いていた日記を島の占領後に発見、翻訳して「硫黄島の日本軍兵士は米軍の準備砲爆撃にさらされている間、何を考えていたのか、その士気は侵攻の過程でどう変化したのか」という問いに答えようとした特異な記事である。以下に掲げる兵士数名の日記をみるに、味方の相次ぐ敗退と疲労、飢えにより、守備隊将兵の士気はけっして軒昂たるものとは言えなかった。

一九四五年一月一三日　一八〇隻の輸送船団がマリアナに集結している。この島への上陸を予測して皆死ぬ決意を固めている。レイテの敵の猛進が帝国の置かれた苦境を示している。無事日本へ帰れるだろうか？　疑わしい……空腹と疲労を抱えて将校の言うような高い敢闘精神が保てるであろうか？

一月二一日　二〇日、B−29七〇機が近畿地方を空襲した。本土が真に危機に瀕している。噂、悲観論が毎日のように聞かれ、兵ばかりでなく将校も戦争が今のまま進めば勝利は絶望的だと考えている。

一月二二日　サイパンかどこか食べ物の豊富な所へ行きたいという願いは、故郷に帰りたいという思いよりも強い。

二月一八日　駐機場から戻ってきた兵たちが、敵が上陸したと言った。Uと私は今日でおしまいだ、喜ばしくも共に死ぬのだと言いあった。どうみても状況は絶望的であったからだ。少数の我が陸軍部隊では、敵がこの島に上陸すれば一日も持たないと思われた。海軍の兵が敵上陸の声を聞いても、あたかも敵機を恐れているかのように壕から出てこないのをみて、帝国海軍将兵は軍人なのか、陛下の御前でどう申し開きするのかと思った。海軍の対空砲が敵機に一発も命中しないのをみて心が沈んだ。軍人を作るのは陸軍である。

このように、島の兵士たちはどうみても「ファナティック」な戦士だったとは言い難い。米軍はこれらの日記の分析から、「日本人の戦争協力が成功するか否かへの疑惑の念が増加している様子も描かれている。しかしこの疑いは、日本軍の優越性に対する本質的なものというよりは、他兵種に対する非難、〝責任転嫁〟として表れたようである」と結論している。

この「非難」とは引用した日記が示すとおり、陸軍兵士の海軍に、地上軍の航空隊に対する、いわばヨコへのそれを指す。IB記事を執筆した米軍分析官は、硫黄島の日本軍将兵たちは最後までお上による戦争指導の正しさそれ自体を疑うには至らなかった、とみたのだろう。とはいえ、硫黄島陸軍兵士たちに限って言うと、彼らは〈日本の敗北〉という現実と向き合うのが怖くて、劣勢の原因を海軍や航空隊という他者にぶつけ自分を慰撫《いぶ》していたとも読めよう。いずれにしても、こんにち硫黄島守備隊の「敢闘」「闘魂」を賞賛、美化する者は、その陰にもはや自らは語れない死者たちの人間臭い相互疑念や憤怒、絶望があったことも記憶すべきである。

## 沖縄戦の戦術思想

米軍にとって、硫黄島戦に続く沖縄戦（一九四五年三〜六月）は本土上陸作戦に直接用いる拠点確保のための戦いであり、そこで日本軍が用いてくるであろう戦法を占う試金石ともなった。対する日本側にとっての沖縄戦は一勝を挙げて有利な条件での講和に持ちこむ、あるいは本土決戦準備の時間をかせぐ最後の機会であったから、少しでも長く米軍を釘付けにしておく必要があった。

米軍は沖縄守備隊との激戦から、本土決戦に向けていくつかの教訓をくみ取った。沖縄の日本軍も基本的には従来と同じように、地下陣地（【図20】IB一九四五年九月号「重要海岸地帯の防御」挿図）を築いて米軍の圧倒的火力に対抗する戦法をとったのだが、対戦相手の米軍はこれにさらなる改善の跡をみてとった。

IB一九四五年八月号「最新の戦術思想」は沖縄戦について、「最初の数日間で日本軍は硫黄島のそれに加え、ただちに使える新たな教訓を学んだ。その結果が、沖縄守備軍を通じた戦闘法改善への決断であった」と指摘、改善された「最新の日本軍戦術思想」とし

**図 20**　1．沖縄の地下陣地全景（地下壕の入口が散在）

2．外部からみた地下砲座

3．その内部からの展望

て、①艦砲・空爆による支援封殺のため、米陸軍部隊を防御陣地へ引き込むまでは射撃を抑制する、②各陣地の連関性を維持する、③米軍戦車攻撃法を改善する、④陣地戦法の能力を向上させる、の四点を挙げている。

米軍も一定の戦果をあげたと認めるこれらの日本軍「戦術思想」とはいかなるものであったのか。以下にIB「最新の戦術思想」の記述を要約、整理する。

**①射撃の抑制**　日本軍の射撃は攻撃軍が日本軍陣地に侵入して格好の目標となるまで控えられることになった。さらに、米軍の艦砲射撃と空爆による支援が無効化する地点へ多数の米軍が誘い込まれるまで射撃は行われなくなった。つまり、早くから米軍に発砲すれば位置を暴露して米軍の火力に潰されるから、彼我が混淆《こんこう》し互いの区別がつけられなくなるまで発砲を控えるようになったのである。ただし、米軍は日本兵捕虜などから「現実には、〔計画の〕実行は非常に困難だった」という証言を引き出したという。

**②陣地の連関性の維持**　日本軍は従来の対米戦闘で「各部隊が自己の防御にのみ集中した結果、戦線全体が失われた傾向」を踏まえ、米戦車が作戦可能な地域の周囲に、「陣地の鋼鉄の輪（a steel ring of positions）」を築いた。すなわち防衛線上に配置した各

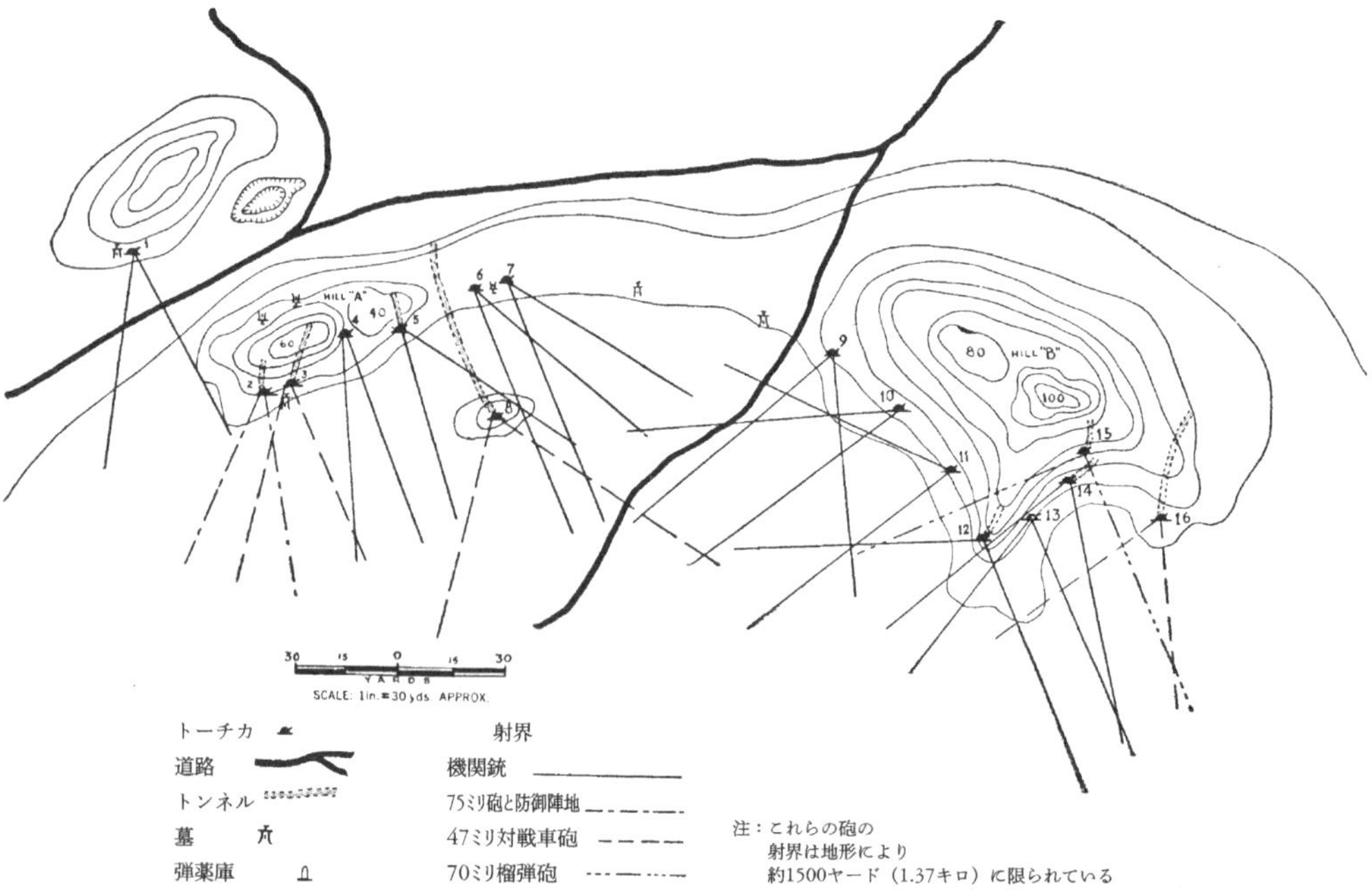

HILL "A"
60
40
HILL "B"
80
100
1
2
3
4
5
6
7
8
9
10
11
12
13
14
15
16
30 15 0 15 30
YARDS
SCALE: 1in. = 30 yds. APPROX.
トーチカ
道路
トンネル
墓
弾薬庫
射界
機関銃
75ミリ砲と防御陣地
47ミリ対戦車砲
70ミリ榴弾砲
注：これらの砲の
射界は地形により
約1500ヤード（1.37キロ）に限られている


図 21

陣地に対し、自分の担任区域正面の防御にばかり集中させず、防衛線としての連続性の維持を最優先とし、危機に瀕した別陣地との相互支援を徹底させた（【図21】）。これは「一つの拠点が陥落すれば戦線上の他の陣地拠点も隣接陣地の防御能力を疑いはじめ、それぞれが自己の独立性の強化に集中し」、結果的に防衛線の突破を許してしまうからである。IBは「この指示も同じように沖縄戦ではよく守られた」と評価している。

②については、沖縄日本軍守備隊が大本営に打電した戦訓報告にも同様の記述がある。すなわち、各陣地の守備についた隊の中には「他隊依存主義」をとったり、「他隊の正面に敵来る時はMG、LG〔重、軽機関銃〕等側射の好機」であるにもかかわらず「自己の位置発見に依る敵火力の報復を恐れ」て実行しない、つまり我が身かわいさに隣の友軍陣地を見捨てるものがあり、結局敵に「他部隊との間隙《かんげき》を浸透」されてしまうから注意すべしとの指摘である（大本営陸軍部「戦訓特報　第四八号　沖縄作戦の教訓」一九四五年六月二九日）。

沖縄日本軍が島を横断して敷いた防衛線が五月二二日に首里《しゅり》を放棄、島南部に撤退するまでの約五〇日間を持ちこたえた背景には、このような過去の教訓を踏まえた堅守方針があった。大本営の督促により戦略持久方針をいったん捨てて五月四日に決行された総反撃による消耗や、前出「沖縄作戦の教訓」に出てくるような一部部隊の指示違反がなければもっと長く持続できたはずである。では、③と④はどうだろうか。

**③対戦車戦法**　沖縄日本軍は、硫黄島で敵が戦車をより多用したことが自軍主要陣地の崩壊につながったと判断した。「対戦車戦において、火力は組織化され、戦車に随行もしくは乗っている米軍歩兵を一掃すべく攻撃隊と連携せねばならない」と敵戦車に対する組織的火力の発揮を強調する一方、歩兵による肉迫攻撃も強調した。米軍は現実に行われた対戦車戦闘を「これらの手法は太平洋戦域における最強の対戦車防御の構成物として完全かつ徹底的に用いられた……肉攻兵の使用も盛んであったが、もっとも頼りにされたのは洞窟やトンネル内の火砲であった」と論評した。

**④陣地戦法の改善**　沖縄日本軍司令部は硫黄島戦の戦訓から「陣地は（側面と後方からの射撃に対する）自然の地形の掩蔽《えんぺい》を得られるように設計すべきだ」として、諸洞窟陣地から構成される要塞正面の死角を各洞窟の相互支援により解消することにした。さらに対火焔放射、毒ガス防御も備え、戦車砲に耐えられる銃砲眼を拡大させた。米軍側は「日本軍は沖縄を洞窟戦法の最高の舞台として開発した。洞窟陣地は巧妙に配置、組織化され、人員と補給も十分であった。砲の射界はその地下陣地が許す限り広

大であった。死角は相互支援陣地に多数の兵器を配することで解消された。障害物、地雷、そして火器の射撃が連合軍歩兵、戦車の洞窟への接近を妨げた」と評価した。

①〜④ともに、沖縄日本軍司令部が硫黄島戦など既存の戦訓を分析したうえで、どうすれば乏しい火力で米軍を阻止し最大限の出血を強要できるかを「合理的」に考えた結果選択された戦法である。したがって「ファナティック」などと片付けてよいものではない。

## びっくり箱陣地

ただし、IB一九四五年八月号「最新の戦術思想」が「より実際的だった」沖縄日本軍の陣地戦法として、「びっくり箱(Jack-in-the-Box)陣地」なる奇妙なものを同時に挙げていることにも注目しなくてはならない。

この日本軍陣地は、IB同記事の説明によると、集中火網と障害物で厳重に防護された米軍の橋頭堡《きょうとうほ》内へ侵入することの困難に気付いていた日本軍が「巧妙に偽装された〝びっくり箱〟待ち伏せ陣地に米軍が後方へ相当深く進むまで兵を隠しておき、敵を味方の主陣地と連携して不意に攻撃し、内側から混乱、全滅させ」ようとしたものである。つまり穴の中に兵を潜ませ、そこを米軍が通過したあとで後ろから不意打ちする、という仕掛けである。

この「びっくり箱陣地」は米軍の興味を強く引いたのか、別のIB記事、すなわち一九四五年九月号「びっくり箱」でも図入りで詳しく紹介されている。【図22】は同記事の挿絵で「日本軍の造ったびっくり箱陣地を出て、米軍戦線の後ろから夜襲をかけようとする機動攻撃隊。陣地は地下に構築され、古井戸がその出

図22

入り口として使われた」との解説がある。

同記事はこのびっくり箱陣地について、「破壊工作員を連合軍の進路にある地下陣地に隠し戦線の背後から攻撃させる古いナチのトリックの改良版、トロイの木馬以上ではない」と批判しつつも、日本軍の加えた「若干の新味」として「連合軍の上陸が予想される海岸地帯の自軍地下陣地、主防御線前方の戦闘が予想される内陸地帯にそれぞれ一連の機動攻撃隊を隠しておくこと」を挙げている。

沖縄戦では多くの住民の墓がびっくり箱陣地として使われたという。具体的には「いくつかの墓をトンネルで結び、襲撃隊が日本軍支配地域の墓から入って墓から墓へと移動、米軍橋頭堡内の墓から出現する」という戦法で「これら襲撃隊の任務は迫撃砲、火砲、司令部区域の攻撃であ」った。IBの挿図（【図23】）には「あらかじめ用意していた地下陣地、トンネルを使った日本軍の侵入・攻撃計画。攻撃隊はまず①の墓に入り、トンネルをくぐって地表の米軍防御を安全に通過、②の墓へ行く。②の墓は③の村落の〔米軍〕指揮所、④の砲兵陣地に対する同時攻撃の基地として使うという、日本軍の侵入攻撃計画」との解説がある。

IB「びっくり箱」は「実際には、この手の秘匿陣地は危険を冒して敵の防衛線を突破することなく、少数の部隊を連合軍戦線の背後へ投入するための手の込んだ手段に過ぎない」と批判的な評価を下した。しかしその一方、IB「最新の戦術思想」では「敵が〔この手の〕陣地戦でさえも、各隊それぞれ二〜五人の班を作って戦うよう定めていたことは、記憶しておくべきである」と味方に注意を喚起していた。

たしかにびっくり箱陣地は子供騙《だま》しのようで、これだけで戦勢を覆すことなどとうていできないだろう。しかし人命重視の米軍側は将来の戦闘——例えば本土決戦——で日本軍にこれを組織的に造られ、背後を衝かれたらかなり面倒なことになると考え、上記の警告

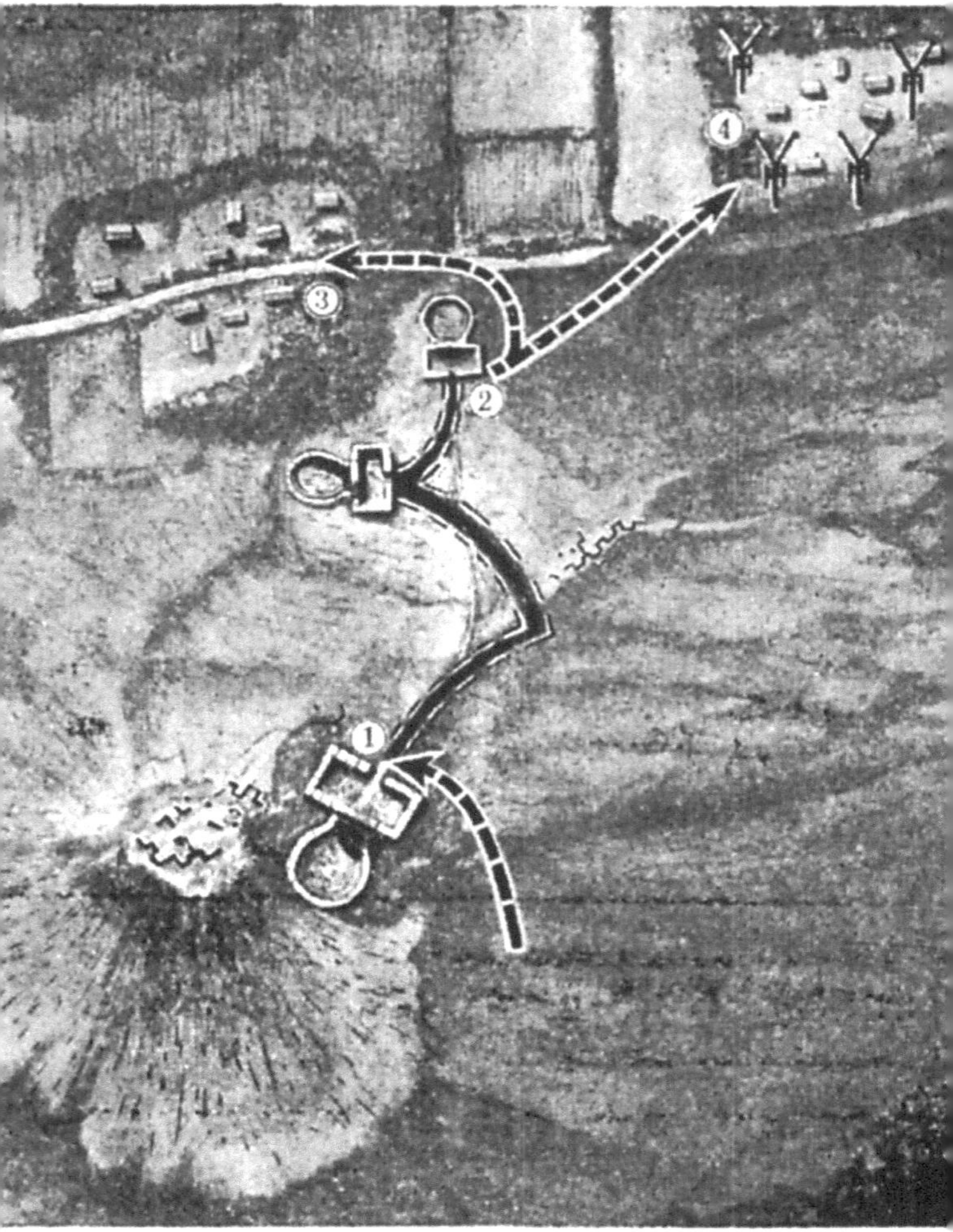


図 23

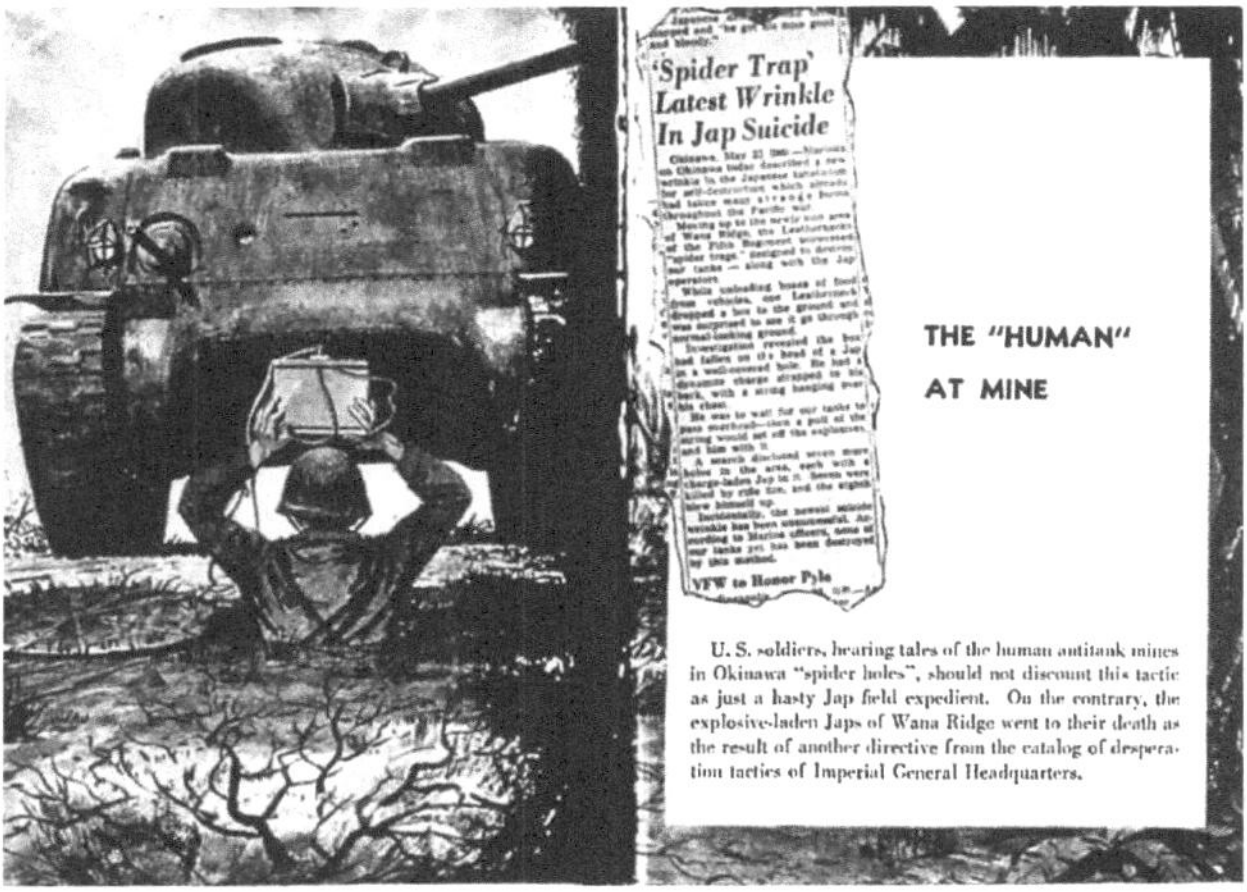


**図 24**

に至ったのではなかったか。

## 蜘蛛の穴陣地

「びっくり箱」以外に米軍が注目した沖縄の日本軍陣地戦法として「蜘蛛《くも》の穴(Spider Holes)」陣地なるものが存在する。これは、IB一九四五年七月号「対戦車〝人間〟地雷」(【図24】)によると、日本軍の構築した「対戦車人間地雷原」に米軍が付けた別名である。

沖縄日本軍にとっても、従来の戦いと同様、押し寄せる米戦車の始末が難題となったことはすでに述べた。日本軍からみた米軍の戦車用法は「迫撃砲射撃に膚接《ふせつ》して歩戦一体陣地に殺到するか、或《あるい》は戦車砲撃(火焔噴射に依《よ》り)を以て銃砲門を制圧破壊しつつ陣地を奪取す」るというものであった（大本営〔陸軍部〕『戦訓速報 第一七三号 南西諸島に於ける戦闘教訓〈其の三〉』一九四五年四月二三日）。もちろん日本軍はこれに対抗して肉攻兵を配置するのだが、米軍の「支援歩兵は直協戦車に先行して肉攻を慎重に捜索し、歩戦一体となり我が肉攻を事前に処理」してしまうのであった。

「蜘蛛の穴」は日本軍がこれに対抗して編み出した戦術である。IB「対戦車〝人間〟地雷」にその概要が解説されているので、以下に要約する。

各小隊ごとに一〇人の戦車襲撃隊を編成し、小隊の一〇〇ヤード〔九一メートル〕前方へ二列に配置する。列の間隔は三〇ヤード〔二七メートル〕、各兵の間隔は五〇ヤード〔四六メートル〕である。後列の兵は前列の兵とずらして配置する→各兵は慎重に偽装された覆い付きの蜘蛛の穴を掘り、米軍戦車の接近が予測されると蜘蛛の穴に入る。各自が肩掛け箱形地雷などを持っている。

この「自殺兵」たちが【図25】の示す精緻な陣形をとっているのは「過去、米軍歩兵と戦車の相互支援が日本軍の対戦車肉迫攻撃を無効化してきた」ことに対抗するためであった。確かに前出の日本軍戦訓報告「戦訓速報第一七三号 南西諸島に於ける戦闘教訓（其の

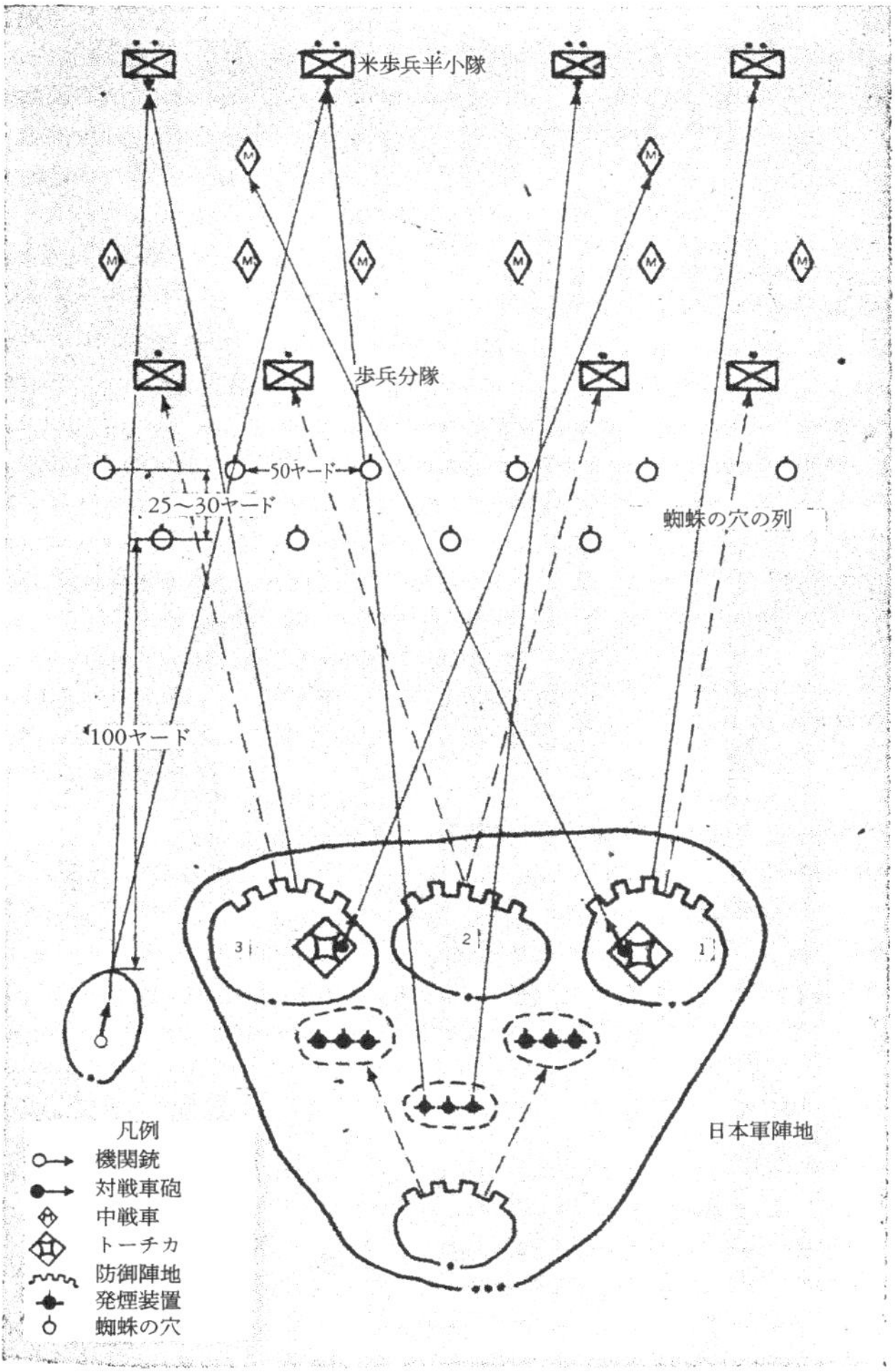

米歩兵半小隊
歩兵分隊
50ヤード
25〜30ヤード
蜘蛛の穴の列
100ヤード
3
2
1
日本軍陣地
凡例
機関銃
対戦車砲
中戦車
トーチカ
防御陣地
発煙装置
蜘蛛の穴


**図 25**

（三）「肉攻は陣地前に配すれば同時制圧を受く、陣地前一五〇米以上に縦深に配置し絶対に位置を秘匿すると共に、我が火力に依り随時支援を必要とす」とあり、肉攻兵は分散して地中の〝穴〟に潜むことで米軍歩兵の眼からなんとか逃れようとしたのであった。

米軍戦車と歩兵が二重列を組んで日本軍陣地へ近づくと、「主陣地内の日本軍部隊が小火器で米軍歩兵を阻止、追い返そうとする……その瞬間、穴から日本兵が飛び出して間近の戦車の下へ肩掛け爆雷を投げる。手首に引きひもを結び付けるよう命じられているので、投げてから一秒後に爆雷は爆発する」。もちろん兵は爆発に巻き込まれて死ぬ。

IB「対戦車〝人間〟地雷」はこの「蜘蛛の穴」陣地を「米軍部隊の眼には、日本軍の最高権威がこんな戦術を真剣に推奨しているなどとは夢物語に映るだろう」と嘲笑してみせた。役に立たない理由は「この〝蜘蛛の穴〟対戦車防御は先に描いたような理想的条件の下でしか機能しない」「〔攻撃の〕成否は日本軍自殺兵と歩兵の連携如何、そして米軍歩兵が決定的瞬間に戦車の支援をやめるという仮定条件にかかっている」から、つまり戦車と支援歩兵をうまく分断するのが現実にはきわめて難しいからで、確かにその通りである。

しかし、この戦法はIB「対戦車〝人間〟地雷」によれば「昨年夏、歩兵に支援された米軍戦車の有効性を警戒した高級将校たちの会議が東京で開かれ、より有効な連合軍戦車阻止法を工夫した」結果、制定されたものだという。「参謀本部後宮《ウシロク》中将の指示で行われた野外実験の結果、米軍にも肩掛け式（shoulder pack）として知られる爆雷が開発され」「これらの実験を経て歩兵に支援された戦車撃破のため、偽装された蜘蛛の穴に入って「進んで死に向かうべき」兵士を使った戦術原則も考案された」という。「この原則は大本営によって標準化され、日本陸軍に普及している」とされたのである（肩掛け式地雷とは、運搬を容易にするためより大きな箱形地雷に肩紐を取り付けたもの、前出の【図24】参照）。

## 「蜘蛛の穴」は「狂気」の産物か

IBの「蜘蛛の穴」に関する記述は、沖縄守備の第三二軍高級参謀八原博通《やはらひろみち》大佐が戦後に記した回想録からも裏付けられる。これによると一九四四年夏、参謀総長後宮淳《うしろくじゅん》大将は本土各防衛軍の参謀長に「急造爆薬を抱えて、敵戦車に体当たりして爆破する」という「『新案特許』の対戦車戦法」などの「必勝戦法」を説いた。「わが対戦車砲は数が少なく……同じ戦法で戦えば、負けるに決まっている」がゆえの戦法だった。

後宮はかつて陸軍省人事局長時代の部下だった八原に「どうだ、八原！　俺は正しいことをいってるだろう。まだ耄碌《もうろく》はしていないね」と繰り返し、彼はこれを「現実を洞察した結論であり、まさにその通り」とみたという（八原『沖縄決戦　高級参謀の手記』一九七二年）。

ちなみにIBの妙に詳しい沖縄戦関連記事自体が、司令部を脱出後に捕虜となった八原の供述に基づいて書かれ、米側の対日戦法研究に寄与した可能性がある。彼もまた米軍に「自分が役に立つ人間である」ところをみせたかったのだろうか（本書第二章参照）。米国留学経験を持ち合理主義に徹する八原は、ともすれば攻勢に出たがる沖縄軍司令部内で必ずしも重用されず、常に不満を抱えていた。

それはともかく、IBの挿絵や解説などからみる限り狂気の産物としか思えない「蜘蛛の穴」陣地も、日本軍首脳部にとっては「正しい」〈必勝戦法〉の一部であり、大いに期待をかけ公式採用したものだった。ちなみに後宮は「この必死攻撃に任ずる兵士は直ちに三階級特進させるのだ」と言ったというが、これが実行された話は聞かない。

事実、米軍側も「蜘蛛の穴」戦法を無視できなかった。IB「対戦車〝人間〟地雷」の記述は「沖縄の〝蜘蛛の穴〟人間地雷の話を聞いた米兵は、これを慌てた日本軍の応急策と見くびるべきではない。爆雷を身に付けた大名《おおな》高地《こうち》（Wana Ridge）の日本兵は、大本営の絶望的戦術集に基づく指示に従い、死へと向かったのである」「沖縄と同じように、将来の作戦で日本軍の拠点へ突進する米軍戦車と歩兵の前に、この戦術の亜種が出現するのは間違いなさそうである」、つまり敵の作戦は単なる自暴自棄ではないから決して油断するな、と自軍将兵に警告して終わっている。それは、日本本土に戦車を上陸させて無数の

〝蜘蛛の穴〟に潜んだ日本兵に襲いかかられたら厄介だ、と考えたからではないか。

## 沖縄の砲兵

このように、沖縄の日本軍は従来とは違う四つの「最新の戦術思想」や奇妙な陣地戦法を加味した戦いを繰り広げたのであったが、IBはもう一つ、日本軍の示した〈進化〉を論じていた。IB一九四五年八月号「沖縄の砲兵」は沖縄日本軍の砲兵戦闘に対して、

　沖縄戦を通じて米第一〇軍の将兵、海兵たちは従来の太平洋の戦場で直面したことのない規模の砲撃に出くわした。日本軍が過去一〇年にわたって準備してきた沖縄防衛作戦は、那覇─首里─与那原《よなばる》の強固な防衛線強化のために用いられた火力支援の質、量の面で卓越したものであった。

　沖縄の日本軍砲兵は、連合軍が太平洋戦線で遭遇したなかでもっとも有効であった。日本軍が砲兵の真価を認め、現下の戦法、装備、訓練が許す限りこれを活用しようとしているのは明白である。

と決して低くない評価を加えている。先のフィリピン戦を通じて「日本軍の砲撃は散発

的で効果がな」く、「硫黄島攻略の初期段階までは、日本軍の砲撃は散発的で効果がなかった……四門以上の砲による単一目標への集中射撃は例外に属し、一個中隊以上による協同、統制された射撃が行われた証拠はなかった」とされたのに対し、沖縄では状況が一変したのであった。

米軍によると、沖縄日本軍の「めざましい進歩は、日本軍が今や各砲列の射撃を統制する中央指揮所の重要性を認めたことであ」り、「間違いなく、数個の砲列、もしくは一個大隊以上の射撃を統制できる中央指揮所を持っていた」ことだった。「この統制が日本軍初の大規模集中射撃を可能とした」という。

「日本軍は数年間にわたって沖縄を要塞化し、珊瑚岩の丘陵を掘削して洞窟や砲座を造っていた。全口径の砲のために砲座が準備され、その多くは偽装された洞窟であった」という。実際に日本軍が沖縄の要塞化に取り組んだのはかなり遅かった（第三二軍の編成は四四年三月、米軍上陸の約一年前）であったにもかかわらず、米軍がこのような「評価」を下したことは沖縄日本軍砲兵にとって一つの賛辞となろう。

IB「沖縄の砲兵」は、「結論」として「日本軍は最大の効果を挙げるために集中射撃を迅速に行う必要があることは認識しているが、米軍砲兵の技量にまでは達していない。米軍は沖縄の日本軍砲撃を、将来の本土における地上作戦の見本とみなしたほうがよい」という。米軍は沖縄戦を分析した結果、日本軍が本土決戦でも同じように激しい「大規模集中砲撃」を浴びせてくるとみたのである。

## 日本軍は本土決戦でどう出るか?

米軍にとっての沖縄戦は本土決戦の前哨戦であるとともに、そこで日本軍がどう出るかを直接占う試金石でもあった。IB一九四五年九月号「重要海岸地帯の防御」は「米軍が日本防衛の大規模で明確なひな形に接したのは沖縄戦が初めてであった」と述べ、将来予想される日本軍の対米戦法を整理し、これに沖縄戦での経験を加味した「論評」を加えているので、以下に引用する(「 」内はその「論評」の要約)。

①**海岸防御の基本原則**　水際での迎撃を依然好んでいるが、今までの経験でその難しさを学んでもいる。海岸防御に参加した部隊は砲爆撃で撃滅され、上陸部隊に蹂躙《じゅうりん》されてしまう。そのため、一部の部隊のみを海岸防御部隊とし、主力は後方の内陸部に縦深をとって作られた「主抵抗線」に控置《こうち》する。海岸防御部隊の任務は主力が主抵抗線上の陣地に就くまで敵を足止めし、最後の一兵が殺されるまでに敵にできるだけ多くの損害を与えることである。「沖縄では、この形式はとられず、海岸守備隊は上陸前に撤退さ

せられた。これは日本軍の原則が改められたことを示す」

**②「主抵抗線」での抵抗**　「主抵抗線」とは「鍵」と呼ばれる陣地（歩兵約一個大隊が守備）と陣地を結ぶ線である。各陣地の側面は砲や機関銃によってカバーされている。鍵陣地は強固に組織化され、逆斜面や天然の戦車障害物など地形の利点を最大限利用している。二つの強力な敵、すなわち戦車、砲爆撃と戦わねばならないので、待避壕を作り、対戦車砲が射程内に入った戦車を撃つ。もし鍵陣地が突破されたら残りの陣地で抵抗を持続し、集中射撃と予備隊で〔敵の〕突出部を摘み取る。しかし日本軍の目標はあくまでも全火力の集中射撃により、主抵抗線で攻撃を阻止することにある。

〔洞窟をめぐる実際の戦闘で日本軍は、特に全兵器の統合使用において偉大な手腕をみせた。米軍の攻撃が防衛線に切り込み、数門の砲が失われても統合射撃の組織性は失われず、その区域を相対的に安全と判断するためには、広大な地域の洞窟と兵器を掃討しなくてはならなかった〕

このように、来たるべき本土決戦において米軍の予想した日本軍戦術は、米軍の殺到した海岸の防御部隊が最後の一兵まで抵抗している間に後方内陸の「主抵抗線」が態勢を整え、進攻してくる米軍を陣地ぎりぎりまで引きつけて集中射撃を加え阻止するという、地の利と火力の利用、そして人命の乱費を前提に構想されたものであった。

この日本軍戦法の〝有効性〟は沖縄戦で実証されたかのようである。ところが、IB「重要海岸地帯の防御」は日本軍対上陸戦法分析の「結論」として、次のように述べている。

帝国の生死を決する海岸線防衛上の原則は、日本軍がこれまで常に絶対的と信じてきた水上侵攻の撃退法と何ら変わりはない。彼らは（他の軍隊と同じように）いまだに上陸軍を水際で撃退したがっているけれども、海岸・沿岸陣地は縦深をとって構築した方がより賢明であると経験から学んでいる。彼らは、もし避けられないのであれば砂丘や沿岸の平地を数マイル犠牲にして、砲爆撃や戦車攻撃に対する地形上の脆弱性を低下させることを学んでいる。しかしあらゆる事例において、日本軍は主要な防衛上の努力を〔地形的〕位相と環境の許す限り、海の側へ傾けようと意図しているようにみえる。日本軍が従来確立してきた原則から時に大きく逸脱しているのは間違いないし、仮に沖縄戦が次に来るものの予告編であったとしても、帝国の防衛戦は大部分が〝規則通り（by the book）〟に戦われるであろう。〔傍線、引用者〕

傍線部を読むに、これを書いた米軍の情報分析官は、沖縄における日本軍の善戦はしょせん原則からの「逸脱」に過ぎず、本土では結局は水際迎撃という「規則」に固執するのではないかと予測していた。確かに米軍を一度上陸させてしまえば海へ追い落とせる可能性は過去の戦例に照らす限りほぼ皆無であるから、「水際」撃滅は依然魅力的であった。

現実の日本陸軍が構想していた本土決戦方針も重点を水際と内陸部のどちらに置くかをめぐって議論を二転三転させたあげく、自暴自棄ともとれる水際撃滅に傾いていた（秦郁彦「太平洋戦争末期における日本陸軍の対米戦法 水際か持久か」二〇〇七年一二月）。米軍はこれを正確に見抜いた形となるのである。IBがなぜそう結論づけたのかをより詳しく知りたいところだが、案外、日本軍は結局のところ「規則」からは逸脱できないという多年の経験に基づく〝勘〟だったのかもしれない。

## 沖縄と硫黄島の日本軍、補給も装備も十分

IBには、沖縄戦で米軍が持つに至った、もう一つの意外な日本軍観が示されている。それは、「敵の装備は良好で補給も十分であり、精緻な洞窟陣地は種々の補給品を集めるのに有効だった」ということである（IB一九四五年八月号「沖縄と硫黄島の日本軍、補給も装備も十分」）。つまりは両地の兵とも十二分に食べていたというのだ。

沖縄の日本軍が豊富な物資を持っていたのは、本土近くへ圧迫されるにつれ、皮肉にも補給線が短くなって新しい装備品を送り込むのに有利になったからであった。例えば米軍

将兵の目撃した日本兵は「アンダーシャツ、パンツ、シャツ、上衣、ズボンという完全な衣服を着て」いたし、「寒い夜に備え、厚い服と大量の毛布を集積していた」という。「ジャージー生地で裏打ちされた木綿製カーキ色のズボンを穿《は》いた死体が補給地点の近くで目撃されており、これらの上等な服は、明らかに夜間の急な寒さを予測、対処していたことを示している」とされた。これらの情報分析を通じて米軍は、日本軍が本土から円滑、柔軟な物資補給を受けていると判断したのではないかと私は思う。

沖縄の日本軍の標準的な糧食は、木枠で包まれた金属缶に入っていた。糧食には「牛肉」の五オンス（一四一・七グラム）缶詰、一ポンド〔四五三・六グラム〕の紙袋入り粉末醬油〔一缶に二四個入り〕、絹の袋に入った乾パン〔木綿袋の代わり、一缶に三六個入り〕、サバやマグロの缶詰もあった。缶入り燃料、五〜一〇ガロン〔一八・九〜三七・九リットル〕の醬油、味噌、梅干し、マグロ入りの樽もあったし、白米も十分あった。ただし、糧食が豊富なのは「住民の家畜や野菜を市価の三分の一で強制的に買い付けていた」からでもあった。

ところで同記事には、沖縄の米第一〇軍補給情報班が「洞窟内に日本軍の衣服と装備品の修理場があったと報告した」という。「普通、日本兵は針と糸を支給されて衣服を使用可能な状態に保つよう求められているが、この修理場は衣服、鉄帽、毛布、雑嚢《ざつのう》、蚊帳、雨合羽《あまガッパ》、靴を修理することで前線をよく支えている」のだった。彼らは「衣服修理の特徴は、ほとんど信じられないまでに服や靴につぎはぎを加えていることだ。たくさんの服の表面全体に繕いや当て布がほどこされている」とみた。物資が豊富だったにもかかわらずこのような施設が作られていたのは、日本軍独特の員数《いんずう》主義精神（とにかく物を大切にし、品数が書類と一致していなくてはならない）を示す挿話ともとれよう。

米軍がみた硫黄島の日本軍将兵も、新品の服や装備を身に着け、健康で明らかに食に困っておらず、米、乾燥野菜（大豆、ニンジン、海草、カボチャなど）、金平糖《コンペイトー》付き乾パン、麺類、「牛肉と野菜」缶詰が大量に置かれた洞窟が島中に散在していたという。

同島の戦闘糧食は「通常未調理の米三食分、ビスケット（または乾パン）三袋、魚の缶詰一個などからなり、補給が許せば毎週一人あたり一二〇グラムの甘味、一〇人に付き一本の酒《サケ》が配られる」とのことだった。

硫黄島で米軍を待ちうけていた日本軍将兵が飢えに苛《さいな》まれていたことは本書二一五頁で述べたが、陸軍と海軍では給養の質量にかなりの差があったと聞く（後者が上）し、米軍上陸後にそれまで節約していた糧食の備蓄を開放した可能性もあろう。

こうした沖縄・硫黄島の状況は、日本本土から遠いビルマ戦線とは対照的だった。連合軍は「一九四五年の間、あるいはそれ以前から北・中部ビルマの日本軍の衣服や装備が良好な状態であったことはめったになかった。ミートキーナからマンダレーまで九か月間の作戦を通じて、ごくわずかの、それもよくて半ばすり切れた衣服しか捕獲することはなかった。敵の軍靴は三日間履くとすり切れてしまった」という。「未支給の物資集積場はマンダレー陣地内で小規模なものが占領されたのみで、基本的に将校の服しかなかった」。

さらにIBは在ビルマ日本軍装備品の質について、次のような酷《ひど》い話を披露する。

一九四五年初頭から、日本の生活必需品はしだいに質も量も実に貧しいものが〔連合軍に〕捕獲されるようになった。最悪なのは粗末で織りの粗い亜麻布やジュート布製のものだった。その質は非常に低く、一つのサイズに一〜七種類の亜麻糸が使われていた。織りは非常に粗く（一インチ〔二・五センチ〕あたりわずか一三〜一九本）、この亜麻布は実際には夜間の部隊を守る蚊帳として支給された。米軍の一九四四年製小バエ避け網は平均してその四倍の糸を使っていたが、糸の質がよいので通気性ははるかに上だった。熱帯の季節風下、日本兵が蚊帳の〝防護〟のもとで汗だくになっている様子が目に浮かぶというものだ。

現代の我々が抱く、貧しい日本陸軍イメージを裏書きするエピソードである。蚊帳の問題は、本書第二章でとりあげたマラリアほか感染症の問題にも直結するだろう。だが一九四五年の対日主反攻線上、すなわち米軍上陸時の硫黄島、そして沖縄にいた日本軍は上等な服を着ていたし、腹一杯食べていた。対米戦法の改善に加えてこのこともまた、米軍をして本土決戦突入は必至と覚悟せしめた一因となったかもしれない。

## 小括

戦争後半、すなわちフィリピン戦以降の日本軍は水際抵抗も安易な「玉砕」も止めて内陸の洞窟に立て籠もるという戦法で抗戦したし、沖縄では過去の戦訓にしたがって戦法をさらに改善、長期抵抗を目指した。これは米軍も一定程度「評価」するところとなった。しかし同時に、一貫して始末に困った戦車への対抗策として、人間地雷原たる「蜘蛛の穴」陣地が開発されてもいた。これは一見狂気の産物のようだが、実際に戦う米軍からすれば自軍と異なり人命を尊重しない戦法ゆえ脅威であった。とはいえ来るべき本土決戦において、日本軍はしょせん決められた規則通りの戦法しかとらず水際抵抗に回帰するだろう、と見透かされてしまっていた。

# おわりに——日本軍とは何だったのか

## IBからみた日本陸軍

以上、戦闘組織としての日本陸軍の組織・戦法を、米陸軍という敵——他者の視点に立つことで解明を試みてきた。日本陸軍とはかつての日本に生きた人々とその貧しい国力を直接反映する鏡であったともいえるが、それはどのようなものだったのか。

米陸軍広報誌 *Intelligence Bulletin* の描いた日本兵たちの多くは「ファナティック」な「超人」などではなく、アメリカ文化が好きで、中には怠け者もいて、宣伝の工夫次第では投降させることもできるごく平凡な人々である。上下一緒に酒を飲み、行き詰まると全員で「ヤルゾー！」と絶叫することで一体感を保っていた。兵たちは将校の命令通り目標に発砲するのは上手だが、負けが込んで指揮官を失うと狼狽《ろうばい》し四散した。それは米軍のプロパガンダに過ぎないという見方もできようが、私はたぶん多くの日本兵はほんとうにそういう人たちだったのだろう、と思っている。その理由は、彼らの直系の子孫たる我々もまた、同じ立場におかれれば同じように行動するだろうと考えるからだ。

日本軍は、緒戦時の攻勢では奇襲・包囲戦法を活用して成功を収めた。やがて防御に回っても、その戦い方は死を決意したものであるが故に、米軍にとっても脅威となり続けた。各戦線で地下に穴を掘って不意打ちをしかけ、最後は「びっくり箱」陣地まで造って米軍を文字通り「びっくり」させたのであった。高度に機械化された軍隊にとって、原始的な戦法は（特に死を決してかかられた場合）逆に脅威である。とはいえ米軍は、本土防衛の日本軍は結局従来の「水際撃滅」の方針を捨てないだろうと読んでいた。これは奇《く》しくも日本軍上層部の意図を見抜いていたことになる。

従来、「銃剣突撃」や「玉砕」という言葉で語られてきた日本陸軍の戦い方は、特に防御においては地の利と機関銃を駆使したものであり、その意味で「学ばざる軍隊」と単純に片づけることはできない。かかる戦法は硫黄島、沖縄守備隊の著名な司令官たちの個人的創案物ではなく、ニューギニア、フィリピンなどで名もない将兵によりとうに実行されていた。ガダルカナル島での「白兵」主義や「玉砕」精神は日本軍を「ファナティック」と批判する上で非常にわかりやすいキーワードだが、これを強調すればするほど、ではなぜ以後の対米戦で日本軍が粘り強く抵抗できたのかがわからなくなってしまう。

ただし、ではなぜそのような粘り強い持久防御戦法を戦争後半の日本軍がとったのか、ということは別個に考えられねばならない。

この点で参考になるのが、対米戦時の大本営陸軍部宣伝主任参謀だった恒石重嗣《つねいししげつぐ》の回想記『大東亜戦争秘録　心理作戦の回想』（一九七八年）の次の記述である。

生産力において多大の懸隔ある米軍に対して、たとえ一対一〇の物的損害を与えても、さしたる影響はなかったであろうけれども、人命の喪失は死を鴻毛《こうもう》の軽きにおく日本人と異なり、彼等には深刻な問題であった。ことに輿論《よろん》を尊重する民主国家であるだけに、この点は対米宣伝上もっとも効果あるポイントであった。

恒石元参謀は対米宣伝の要点は米軍の人的損害をあらゆる角度から衝《つ》き、厭戦《えんせん》気運を醸成することにあったとする。とにかく米兵の生命を奪っていればやがて米国内の輿論が停戦へと動いてくれるのではないか、という発想は、それはそれで一つの「戦略」と言えよう。もちろん結果から言えば希望的観測、空想以外の何ものでもないが、結果を知らぬ同時代の日本人はその達成のために「一人十殺」を唱え、必死に地下洞窟陣地を造り、米戦車隊に足止めを強いる戦法に打って出たのである。これを「非合理的」「ファナティック」とはなから決めつけるのは、正しい歴史の理解と言えるだろうか。ある組織とその行為に先入観に基づくレッテルを貼ることで見失われてしまうものは実に多い。

むろん、日本陸軍の「非合理性」を否定することと、それを正当化、賛美することとは全く別の話である。戦争指導者たちが狭い意味での〈合理性〉を追求してこの戦争は「必勝」だと自分で自分に言い聞かせるために、本書でみてきた普通の日本兵たち、例えば樹上の狙撃兵や「蜘蛛の穴」陣地の穴のなかの肉攻兵たちの人命が惜しげもなく犠牲に供された事実は改めて強調しておかねばならない。

## 日本陸軍戦法の〈合理性〉をめぐって

日本軍におけるこの〈合理性〉の問題についてもう少し述べたい。日本陸軍が本土決戦準備で水際撃滅戦法に回帰したこと、米軍側がこれを見抜いた形になったことは先に述べた。この水際回帰の理由について、本土決戦の準備にあたった元大本営参謀・陸軍中佐の原四郎《はらしろう》は戦後の一九七〇年、陸上自衛隊幹部学校の講演で次のように語っている。

大東亜戦争当初、日本の上陸防禦作戦の精神は水際撃滅でした。それが、米軍の反攻を受けて、次々に島を取り返えされ、遂にサイパンで敗けてからは、概して後退配備という考え方に変ったようです。私がラボールから帰ったときの本土決戦初期段階でも、後退配備をとり山の中に洞窟陣地をつくっている。滔々《とうとう》として自己健存の思想です。人間は生きたいんです。その気持がそうさせていた。しかし、それではいかん。敵が沿岸に橋頭堡をつくり航空基地をつくったならば、それでおしまい。というので、水際から若干㎞の幅を持った沿岸で決戦するということになった。陣地の前縁を前に出したわけです。（「旧陸軍一参謀の言」、前掲『原四郎追悼録』）

洞窟持久戦法を捨てて水際撃滅に回帰したのは、敵にひとたび上陸を許してしまえば「それでおしまい」だからだ、という原の――陸軍の理屈をいちがいに非合理、「ファナティック」とは片付けられないと私は思う。たしかに沖縄作戦では「洞窟陣地の最も利とする所は砲爆撃に対し戦力を温存するにあり、最も弱点とする所は臆病となることとなり」、つまり洞窟に籠もるばかりで積極的に打って出ず、その結果「却って大なる損害を出し」「敵の浸透を自由ならしめ」てしまうという「戦訓」が得られていたからである（大本営陸軍部「戦訓特報 第四八号 沖縄作戦の教訓」一九四五年六月二九日）。

ただしこの水際撃滅が一度は成功したとしても、米軍は必ず逆襲してくるはずである。このことについて原元中佐はどう考えていたのだろうか。

彼は言う、「ただ一度でいいから勝ちたかった。南九州の決戦（＊）、それも志布志湾《しぶし》の決戦で勝ちたかった、意地だった。そして陸軍の最後の歴史を飾ろうと思った。政治は、本土決戦によって終戦に移行しようと考えていたかも知れませんが、私の考えは上陸する敵の第一波だけでもいいから破摧したかった」(同前)と。つまり一回勝ったという陸軍の面子さえ立てば、第二波以降はどうなろうとよかったのだ。

問題は、このような一般国民からすればたまったものではない勝手極まる願望が、原の水際撃滅論のような狭い意味での〈合理性〉により正当化、粉飾されていたことだ。陸軍幼年学校、士官学校本科・予科、陸軍大学校をすべて首席で通した超のつく秀才の原にして、〈合理的なるもの〉のはらむ悪魔的な力に生涯魅入《みい》られ続けていたかのようである。

(＊)米軍は本土決戦時、四五年一一月に南九州へ、翌年三月に関東平野への上陸を予定していた。

## 米軍の本土決戦予想

確かに日本軍は沖縄で最終的に敗れたものの、洞窟陣地に依拠して戦うことでかなりの戦果を挙げた。この事実と、来るべき日本本土決戦との関係を米軍はどう考えていたのだろうか。言い換えれば、米軍は本土の日本軍をどれだけ恐れていただろうか。

一九四五年六月一日付で改正された米陸軍教範『TM-E 30-480 日本軍ハンドブック(*Handbook on Japanese Military Forces*)』(四四年九月一五日初刊発行、同書は紐綴じで以後の戦局の進展に応じて必要な箇所を改正、差し替えられるようになっている）の第七章「日本陸軍の戦術」は一九四五年に入ってからの日本陸軍の戦いぶりを次のように論評する。「ジャングル戦・小島嶼防衛から、大規模で統合された火力と機甲力のみならず適切な機動を必要とする平地作戦への転換が有する戦術上の意義は、非常に重大である。日本軍はルソンの中央平原でアメリカ軍と、中央ビルマでイギリス軍と戦うことから逃げ続けてきた。平原から撤退し、主作戦を険しいジャングル地帯とマニラ市街に可能な限り長い間限定した」。つまり平地で戦えば戦車などの機動力に劣るため、その足を封じることのできるジャングルや市街地を戦いの場として選んできたというのである。

しかし中国大陸、そして本土決戦の主戦場となるであろう関東平野には、そのような逃げ場も隠れ場所もない。そのため同書は、日本軍の「補給線の短縮、装備の軽量化による機動はすでにジャングル戦ですらも連合軍の前に無力化されているが、連合軍の機械化装備がルソン中央平原のように完全な規模で用いられたら、日本軍にはひどくこたえることだろう」と予測していた。確かに広い平野であれば日本軍陣地がいくら「蜘蛛の穴」や「びっくり箱」を仕掛けたところで米軍の機甲部隊は容易に迂回、随所で突破できたはずだ。沖縄の〝戦果〟も日本軍が防衛線を相対的に狭い島の横一杯に張り、攻め手の米軍側はどうしてもこれを突破する必要があったからこそ、達成できたのである。

かくして同書は「集中砲爆撃に対する水際防衛の不可能性などといった教訓が学習され、戦線が本土に近づくにつれその有効性を増しているが、そういった改善は、本章〔「日本陸軍の戦術」〕の指摘する戦術上の欠陥の大部分を根絶するほどではない」と断じる。もし日本軍が水際防衛を捨てて平野で攻勢に出たとしても連合軍は航空優勢を握っているし、大規模な統一行動のとれる開豁地ではジャングル地帯よりも大規模な予備隊を素早く振り向けることが可能だから、その結果は悲惨なものとなるだろう、と米軍は考えていた。

以上の分析に基づき「日本陸軍の戦術」は次のように予測した。

ジャングルからより開けた地域への転換は、日本軍司令官の攻撃欲求を妨げるものではない。しかし、開けた地域における攻撃失敗の報いは、植物が密に茂っており、不適切に投入された部隊でも比較的容易に退却できる地域でのそれに比べて、非常に深刻なものとなろう。日本軍の攻撃は適切な偵察に基づいているか否かに関係なく、成功に十分な数の部隊を持たないまま開始される。地域が開けていればいるほど、失敗の代償も高価となる。

要するに、ジャングルと異なり隠れ場所を得られない平地での戦は、日本軍の惨敗という結果に終わるだろう、ということだ。前出の原四郎参謀は戦後の講演で「特に南九州で勝ちたい」と述べていた。広大な関東平野で米軍に勝てる見込みは端《はな》からない、と内心わかっていたからこそ、そのような発言となったのかもしれない。ちなみに『TM―E 30―480日本軍ハンドブック』第七章には「日本軍将校にとっては体面と志操の維持が最も重要であり、それゆえ空想的な英雄気取りとなりがちである」との指摘がある。

### 戦い終わって

IBが最後に日本軍兵士たちに言及したのは、一九四六年五月号の「日本へ行くのか？――日本人は我々をどうみているか」と題する記事である。その内容はこれから日本占領に向かう米兵に対し、終戦から約八か月たった日本人の占領軍に対する態度はおおむね従順だが、一方で反感も生じているので振る舞いには注意せよと警告するものである。なぜ日米はいまだ完全に和解できないのか。

その理由は「日本人とアメリカ人の両方に、一部米兵の酔って暴れ、女性を〝お触り(pawing)〟する威圧的で押しつけがましい態度への批判が生じている」、「最大かつ明確な反感の源は、米兵と日本女性の親密な交わり(fraternization)である」からだというのだが、興味深いことに、IBは外地から復員し祖国に戻ってきた元日本軍将兵を警戒せよとも述べている。

占領の完全成功に対する最大の潜在的脅威は、復員将兵――特に戦闘で負けなかった中国戦線の兵士、若い職業軍人、過激主義にかぶれた若者である。職業軍人はあらゆる公職から追放されている。日本に戻った元兵士たちの街は壊滅し、よい仕事もなく、自分たちは国にとって単なる負担であり、〔戦地での〕苦難や犠牲は無駄となったことに気づいた。連合軍に対する彼らの強い憎しみはいまだ消えていない。

IBによると、そもそも日本人が占領軍に従順なのは、たしかに民主主義という理想もあるだろうが、経済的混乱に無策な自国の政府を信用せず占領軍総司令部を危機解決上の最高権威とみている、多くの日本人にとって米兵相手の無数のダンスホール、偽女郎屋、土産物屋がよい収入源になっているなどの事実があるからに過ぎなかった。そのため米軍側は占領改革がうまく進んで日本人が食と仕事を得れば復員将兵たちは力を失うだろうが、失敗すれば平和で健全な民主主義日本を脅かす勢力たり得る、と危惧していた。

少なくとも一九四六年五月の段階――いわゆる「米よこせデモ」が発生するなど、日本社会がもっとも飢えていた時期だ——では、米軍にとって日本軍兵士は戦争中と同様、決して油断ならない「敵」であった。こののち両者は東アジア冷戦のはじまりとともにfraternizationを遂げて現在に至るのだが、占領改革、そして国際状勢の行方次第では、再び一戦交えるということも大いにあり得た。

# 参考文献一覧

※*Intelligence Bulletin* 所収の各記事は省略した


『剣術教範』（一九三四年二月一五日改正）
『作戦要務令』（総則、第一～第三部、一九三八年九月二九日制定）
田部聖『作戦要務令原則問題ノ答解要領 第一部』兵書出版社、訂正初版一九四一年（初刊三九年）
江口卯吉『銃剣術』（国防武道協会、一九四二年）
『野戦築城教範』（総則及第一、同第二部、一九四三年改正）
陸軍省『陸密第二五五号別冊第八号 軍紀風紀上等要注意事例集』一九四三年一月二八日
大本営陸軍部「戦訓報 第六号 米、英、加兵の白兵戦闘に関する観察」一九四三年九月一五日 白井明雄編『「戦訓報」集成 第三巻「戦訓報」』芙蓉書房出版、二〇〇三年
大本営陸軍部「戦訓特報 第九号 自昭和一七年七月至昭和一八年四月 東部『ニューギニヤ』作戦の体験に基く教訓」一九四三年一一月一八日 白井明雄編『「戦訓報」集成 第一巻「戦訓特報」①』芙蓉書房出版、二〇〇三年
同「戦訓特報 第一六号『ソロモン』諸島方面戦闘に基く教訓」一九四四年二月五日 同右

所収
同「戦訓特報 第二四号 沖集団『タロキナ』作戦の教訓」一九四四年六月一〇日 同右所収
同「戦訓特報 第二五号 西部『ニューブリテン』に於ける月兵団の作戦」一九四四年六月一〇日 同右所収
海軍施設本部『諸兵器（米英）其の他参考資料』一九四五年二月
大本営〔陸軍部〕『戦訓速報 第一七三号 南西諸島に於ける戦闘教訓（其の三）』一九四五年四月二三日 白井明雄編『「戦訓報」集成第四巻「戦訓速報」』芙蓉書房出版、二〇〇三年
大本営陸軍部「戦訓特報 第四八号 沖縄作戦の教訓」一九四五年六月二九日 白井明雄編『「戦訓報」集成 第二巻「戦訓特報」②』芙蓉書房出版、二〇〇三年
川島武宜『日本社会の家族的構成』（初刊一九四八年）『川島武宜著作集 第一〇巻』岩波書店、一九八三年
大西巨人「俗情との結託」（初刊一九五二年一〇月号、『大西巨人文藝論叢 上巻 俗情との結託』立風書房、一九八二年、所収）
久野収・鶴見俊輔『現代日本の思想』岩波新書、一九五六年

防衛庁防衛研究所戦史室『戦史叢書　南太平洋陸軍作戦〈2〉ガダルカナル・ブナ作戦』朝雲新聞社、一九六九年
大岡昇平『レイテ戦記　上・中・下巻』中公文庫、一九七四年（初刊一九七一年）
戸川猪佐武『田中角栄猛語録』昭文社出版部、一九七二年
八原博通『沖縄決戦　高級参謀の手記』読売新聞社、一九七二年
防衛庁防衛研究所戦史室『戦史叢書　南太平洋陸軍作戦〈4〉フィンシハーヘン・ツルブ・タロキナ』朝雲新聞社、一九七二年
恒石重嗣『大東亜戦争秘録　心理作戦の回想』東宣出版、一九七八年
中原茂敏『大東亜補給戦　わが戦力と国力の実態』原書房、一九八一年
大江志乃夫『昭和の歴史3　天皇の軍隊』小学館、一九八二年
竹内昭・佐山二郎『日本の大砲』出版協同社、一九八六年
戦争第七聯隊史刊行会『戦車第七聯隊史』同会、一九九二年
原四郎追悼録編纂刊行委員会『原四郎追悼録』同会、一九九三年
遠藤芳信『近代日本軍隊教育史研究』青木書店、一九九四年
白井明雄「栗林将軍は如何にして『洞窟戦法』を創案したか」『軍事史学』三〇―一、一九九四年六月

河原宏『日本人の「戦争」』講談社学術文庫、二〇一二年（初刊一九九五年）
前原透『日本陸軍用兵思想史』天狼書店、一九九四年
戸部良一『日本の近代9 逆説の軍隊』中央公論社、一九九八年
ジョン・W・ダワー著、猿谷要監修、斎藤元一訳『容赦なき戦争 太平洋戦争における人種差別』平凡社ライブラリー、二〇〇一年（原書刊行一九八六年）
吉田裕・松野誠也編『十五年戦争期 軍紀・風紀関係資料』現代史料出版、二〇〇一年
吉見義明『毒ガス戦と日本軍』岩波書店、二〇〇四年
生井英考「アメリカの戦争宣伝とアジア・太平洋戦争」『岩波講座 アジア・太平洋戦争8 20世紀の中のアジア・太平洋戦争』岩波書店、二〇〇六年
山本智之「陸戦兵器と白兵主義 三八式歩兵銃と銃剣」山田朗編『【もの】から見る日本史 戦争Ⅱ 近代戦争の兵器と思想動員』青木書店、二〇〇六年
秦郁彦「太平洋戦争末期における日本陸軍の対米戦法 水際か持久か」『日本法学』七三―二、二〇〇七年一二月
吉田裕『シリーズ日本近現代史⑥ アジア・太平洋戦争』岩波新書、二〇〇七年
同・森茂樹『戦争の日本史23 アジア・太平洋戦争』吉川弘文館、二〇〇七年
一ノ瀬俊也『皇軍兵士の日常生活』講談社現代新書、二〇〇九年

田中宏巳『マッカーサーと戦った日本軍 ニューギニア戦の記録』ゆまに書房、二〇〇九年
中田整一『トレイシー 日本兵捕虜秘密尋問所』講談社、二〇一〇年
山本達也・浅川道夫・草薙大輔『日本の陶器製兵器1 陶器製手榴弾』全日本軍装研究会、二〇一〇年
一ノ瀬俊也『米軍が恐れた「卑怯な日本軍」』文藝春秋、二〇一二年
片山杜秀『未完のファシズム「持たざる国」日本の運命』新潮選書、二〇一二年

War Department, FM 31-20 *Jungle Warfare*, December 15, 1941
War and Navy Departments, *Pocket Guide to China*, 1942
Lieutenant-Colonel Cornelius P. Van Ness, *Exploding the Japanese Superman Myth*, Undated
Military Intelligence Service for Special Service Division, War Department, *Special Series No.11 Morale-building Activities in Foreign Armies*, March 15, 1943
Military Intelligence Division, War Department, *Special Series No.19 Japanese Infantry Weapons*, December 31, 1943

War Department, TM-E 30-480 *Handbook on Japanese Military Forces*, September 15, 1944

Military Intelligence Service, War Department, *Soldier's Guide to the Japanese Army*, November 15, 1944

Military Intelligence Division, War Department, *Special Series No.29 Japanese Defence Against Amphibious Operations*, February 1945

War Department, Military Intelligence Training Center, *Japanese Uniform Insignia*, May 1, 1945

# あとがき

本書で、太平洋戦争中のアメリカ軍が日本軍の糧食を捕獲して食べようと考えていた話を紹介した。私には、この話はすんなり理解できた。なぜなら、子どものころ読んだジョン・F・ケネディ大統領の伝記・久保喬『子どもの伝記全集30 ケネディ』（ポプラ社、一九六九年）に次のような話が出てくるからである。戦争中、ケネディの乗り組んでいた海軍の魚雷艇はソロモン海で日本軍の駆逐艦と衝突して沈没、彼と部下たちは近くの島に泳ぎ着き、日本軍が残していったというアメと飲み水を手に入れて命をつなぎ、味方の基地へ帰還したのであった――。

伝記の著者久保氏はおそらくロバート・ドノヴァン著・波多野裕造訳『PT－109 太平洋戦争とケネディ中尉』（日本外政学会、一九六三年）あたりを参照したのだと思うが、大戦中の米軍将兵の中にはケネディたちのように日本軍の糧食を食べて生き延びた者もいたのだと思う。

また、別の箇所で日本兵たちはマラリアの薬キニーネを飲みたがらない、という米軍側の観察を引用して「味が苦いからだろう」と書いたのだが、これも昔、元零戦搭乗員・坂井三郎『続　大空のサムライ』（初刊一九七〇年）に、キニーネが苦いので飲みたがらない部下たちを見た上官の笹井中尉が「俺なんかかんで飲んでいる」と言い、本当にかんで飲んだ、と書いてあったのを記憶していたからである。このように、子どものころの読書経験が現在の仕事に直接役立っていることを個人的にとても喜ばしく思っている。

本書では米軍の視点で見た日本軍像について、米軍広報誌 *Intelligence Bulletin* 所収の関連記事をもとにいろいろと述べたのだが、同誌の約半分はアメリカ軍にとってのもう一つの敵・ドイツ陸軍に関するものである。どなたかドイツ軍に詳しい方に『米軍のみたドイツ陸軍』といった本を書いていただければと思うが、もしやり手がなければ自分でやってみようかとも思っている。子どもの頃から英語をもっとがんばって勉強しておけばよかったと、こちらについてはとても苦々しく思っている。

執筆に際しては講談社現代新書編集部の所澤淳氏に、氏が別部署に異動されてからは山崎比呂志氏にそれぞれお世話になった。末尾ながら記してお礼申し上げる。

二〇一三年一一月　キャロライン・ケネディ米国駐日大使着任の報を聞きながら

一ノ瀬俊也

N.D.C.210.75　263p　18cm
ISBN978-4-06-288243-9

講談社現代新書　2243

日本軍《にほんぐん》と日本兵《にほんへい》——米軍報告書《べいぐんほうこくしょ》は語《かた》る

二〇一四年一月二〇日第一刷発行　二〇二五年一月七日第九刷発行

著者　一ノ瀬《いちのせ》俊也《としや》

発行者　篠木和久
発行所　株式会社講談社
東京都文京区音羽二丁目一二―二一　郵便番号一一二―八〇〇一
電話　〇三―五三九五―三五二一　編集（現代新書）
〇三―五三九五―五八一七　販売
〇三―五三九五―三六一五　業務
装幀者　中島英樹
印刷所　株式会社ＫＰＳプロダクツ
製本所　株式会社ＫＰＳプロダクツ
定価はカバーに表示してあります　Printed in Japan

## 「講談社現代新書」の刊行にあたって

教養は万人が身をもって養い創造すべきものであって、一部の専門家の占有物として、ただ一方的に人々の手もとに配布され伝達されうるものではありません。

しかし、不幸にしてわが国の現状では、教養の重要な養いとなるべき書物は、ほとんど講壇からの天下りや単なる解説に終始し、知識技術を真剣に希求する青少年・学生・一般民衆の根本的な疑問や興味は、けっして十分に答えられ、解きほぐされ、手引きされることがありません。万人の内奥から発した真正の教養への芽ばえが、こうして放置され、むなしく滅びさる運命にゆだねられているのです。

このことは、中・高校だけで教育をおわる人々の成長をはばんでいるだけでなく、大学に進んだり、インテリと目されたりする人々の精神力の健康さえもむしばみ、わが国の文化の実質をまことに脆弱なものにしています。単なる博識以上の根強い思索力・判断力、および確かな技術にささえられた教養を必要とする日本の将来にとって、これは真剣に憂慮されなければならない事態であるといわなければなりません。

わたしたちの「講談社現代新書」は、この事態の克服を意図して計画されたものです。これによってわたしたちは、講壇からの天下りでもなく、単なる解説書でもない、もっぱら万人の魂に生ずる初発的かつ根本的な問題をとらえ、掘り起こし、手引きし、しかも最新の知識への展望を万人に確立させる書物を、新しく世の中に送り出したいと念願しています。

わたしたちは、創業以来民衆を対象とする啓蒙の仕事に専心してきた講談社にとって、これこそもっともふさわしい課題であり、伝統ある出版社としての義務でもあると考えているのです。

一九六四年四月　野間省一

## 世界史Ⅰ

## 世界史Ⅱ

959 東インド会社――浅田實
971 文化大革命――矢吹晋
1085 アラブとイスラエル 高橋和夫
1099 「民族」で読むアメリカ 野村達朗
1231 キング牧師とマルコムX 上坂昇
1306 モンゴル帝国の興亡〈上〉――杉山正明
1307 モンゴル帝国の興亡〈下〉――杉山正明
1366 新書アフリカ史――宮本正興 松田素二 編
1588 現代アラブの社会思想 池内恵
1746 中国の大盗賊・完全版――高島俊男
1761 中国文明の歴史――岡田英弘
1769 まんが パレスチナ問題 山井教雄
1811 歴史を学ぶということ 入江昭
1932 都市計画の世界史――日端康雄
1966 〈満洲〉の歴史――小林英夫
2018 古代中国の虚像と実像 落合淳思
2025 まんが 現代史――山井教雄
2053 〈中東〉の考え方――酒井啓子
2120 居酒屋の世界史――下田淳
2182 おどろきの中国 橋爪大三郎 大澤真幸 宮台真司
2189 世界史の中のパレスチナ問題 臼杵陽
2257 歴史家が見る現代世界 入江昭
2301 高層建築物の世界史 大澤昭彦
2331 続 まんが パレスチナ問題 山井教雄
2338 世界史を変えた薬 佐藤健太郎
2345 鄧小平――エズラ・F・ヴォーゲル 聞き手＝橋爪大三郎
2386 〈情報〉帝国の興亡――玉木俊明
2409 〈軍〉の中国史――澁谷由里
2410 入門 東南アジア近現代史 岩崎育夫
2445 珈琲の世界史――旦部幸博
2457 世界神話学入門――後藤明
2459 9・11後の現代史 酒井啓子

## 哲学・思想Ⅰ

66 哲学のすすめ——岩崎武雄
159 弁証法はどういう科学か 三浦つとむ
501 ニーチェとの対話——西尾幹二
871 言葉と無意識——丸山圭三郎
898 はじめての構造主義 橋爪大三郎
916 哲学入門一歩前——廣松渉
921 現代思想を読む事典 今村仁司 編
977 哲学の歴史——新田義弘
989 ミシェル・フーコー 内田隆三
1001 今こそマルクスを読み返す 廣松渉
1286 哲学の謎——野矢茂樹
1293 「時間」を哲学する——中島義道

1315 じぶん・この不思議な存在——鷲田清一
1357 新しいヘーゲル——長谷川宏
1383 カントの人間学——中島義道
1401 これがニーチェだ——永井均
1420 無限論の教室——野矢茂樹
1466 ゲーデルの哲学——高橋昌一郎
1575 動物化するポストモダン 東浩紀
1582 ロボットの心——柴田正良
1600 ハイデガー＝存在神秘の哲学——古東哲明
1635 これが現象学だ——谷徹
1638 時間は実在するか 入不二基義
1675 ウィトゲンシュタインはこう考えた 鬼界彰夫
1783 スピノザの世界——上野修

1839 読む哲学事典——田島正樹
1948 理性の限界——高橋昌一郎
1957 リアルのゆくえ——大塚英志 東浩紀
1996 今こそアーレントを読み直す——仲正昌樹
2004 はじめての言語ゲーム——橋爪大三郎
2048 知性の限界——高橋昌一郎
2050 超解読！ はじめてのヘーゲル『精神現象学』 竹田青嗣 西研
2084 はじめての政治哲学 小川仁志
2099 超解読！ はじめてのカント『純粋理性批判』 竹田青嗣
2153 感性の限界——高橋昌一郎
2169 超解読！ はじめてのフッサール『現象学の理念』——竹田青嗣
2185 死別の悲しみに向き合う——坂口幸弘
2279 マックス・ウェーバーを読む——仲正昌樹

## 哲学・思想Ⅱ



Ⓑ

宗教



Ⓒ

## 日本語・日本文化